# Dorn- und Zaungrasmücke

*Sylvia communis* Latham, *S. curruca* (Linné)

*2. unveränd. Auflage, Nachdruck*
*der 1. Auflage von 1962*

*Mit 30 Abbildungen*

Axel Siefke

W Die Neue Brehm–Bücherei Bd. 297
V Westarp Wissenschaften · Magdeburg · 1995
Spektrum Akademischer Verlag · Heidelberg · Berlin · Oxford

# Inhalt

Die Deutsche Bibliothek — CIP–Einheitsaufnahme

**Siefke, Axel:**
Dorn- und Zaungrasmücke: Sylvia communis Latham, S.
curruca (Linné) / Von Axel Siefke. –
2., unveränd. Aufl., Nachdr. der 1. Aufl. von 1962. –
Magdeburg: Westarp-Wiss.; Heidelberg: Spektrum Akad. Verl., 1995
  (Die Neue Brehm-Bücherei; Bd. 297)
  ISBN 3-89432-200-4
NE: GT

© 1995 Westarp Wissenschaften,
Wolf Graf von Westarp, Magdeburg

Publiziert in Zusammenarbeit mit
Spektrum Akademischer Verlag, Heidelberg

Druck und Bindung: Hartmann, Ahaus

# Einleitung

Ohne Zweifel gehören die Grasmücken, zumindest dem Namen nach, zu den bekannteren deutschen Singvögeln. Allgemein verbreitet, findet man Angehörige der Gattung überall, wo Baum und Strauch das Gesicht der Landschaft bestimmen. Man kann ihnen sowohl am einzelnen Heckenrosenbusch am Feldrain als auch inmitten großer, geschlossener Waldungen begegnen und sich dort an ihrem Gesang erfreuen.

Trotz der allgemeinen Verbreitung führten die versteckte Lebensweise, recht späte Ankunft und dadurch bedingte Komprimierung der Komplexe Revier und Paarbildung, die Schwierigkeiten beim Fange zum Zwecke der individuellen Markierung u. a. dazu, daß bei Grasmücken vieles weniger bekannt ist als bei anderen Gattungen. Das Standardwerk der deutschen Ornithologie, das „Handbuch der deutschen Vogelkunde" von N i e t h a m m e r 1937 enthält selbst bei der allgemeinen Beschreibung der Lebensweise noch einige Fragezeichen.

Abb. 1. Friedhof als Vorzugsbiotop der Zaungrasmücke. 1959 befanden sich hier nacheinander die Reviere von 3 ♂♂.

Abb. 2. Dorngrasmücken findet man häufig im Buschwerk unmittelbar neben Landstraßen und Feldwegen. An der durch Pfeil bezeichneten Stelle fand sich ein Brutnest unmittelbar neben der Fahrbahn.

Die einzige, neben der Schilderung der allgemeinen Biologie auch das Verhalten einschließende Arbeit in umfangreicherem Rahmen stammt von dem britischen Altmeister H. E. H o w a r d, der 1907—14 sein zweibändiges Werk "The British Warblers" herausbrachte. Dieses wurde zur Grundlage aller späteren, nur spärlich herausgekommenen und recht summarischen Darstellungen. Erst in neuerer Zeit begann S a u e r sich wieder speziellen Problemen der Gattung zuzuwenden.

Die im folgenden gemachten Angaben beruhen, soweit nicht auf Literaturstellen hingewiesen ist, auf eigenen Beobachtungen, die insbesondere in den Jahren 1958 und 1959 in der Umgebung der Stadt Greifswald (Mecklenburg) gemacht wurden. Durch die Buntberingung wurden insgesamt 195 Vertreter beider Arten erfaßt, darunter in den engeren Beobachtungsgebieten die gesamten Populationen.

Das derart entstandene und durch Literaturstudien ergänzte Bild der Lebensweise von Zaun- und Dorngrasmücke möge diesen interessanten Arten neue Freunde gewinnen und zu ihrer Beobachtung anregen!

Es sei die Gelegenheit genutzt, um Herrn Prof. Dr. H. S c h i l d - m a c h e r, Vogelwarte Hiddensee, Dank zu sagen für die Beratung bei der Wahl des Themas und die Unterstützung bei der Anfertigung der

Arbeit. Dipl.-Biol. J. S t ü b s und Dipl.-Forsting. M. D o r n b u s c h ist für den Rat bei der Abfassung des Textes zu danken.

## Systematische Stellung und allgemeine Verbreitung

Die Gattung *Sylvia* S c o p o l i umfaßt neben 13 oder 14 anderen fünf als Brutvögel in Deutschland vorkommende Arten:

*atricapilla* (L.), die Mönchsgrasmücke;
*nisoria* B e c h s t e i n , die Sperbergrasmücke;
*borin* ( B o d d a e r t ) , die Gartengrasmücke;
*communis* L a t h a m , die Dorngrasmücke;
*curruca* (L.), die Zaungrasmücke.

Neben der Nominatgattung enthält die Familie der *Sylviidae* unter den hier lediglich interessierenden deutschen Brutvögeln die Gattungen

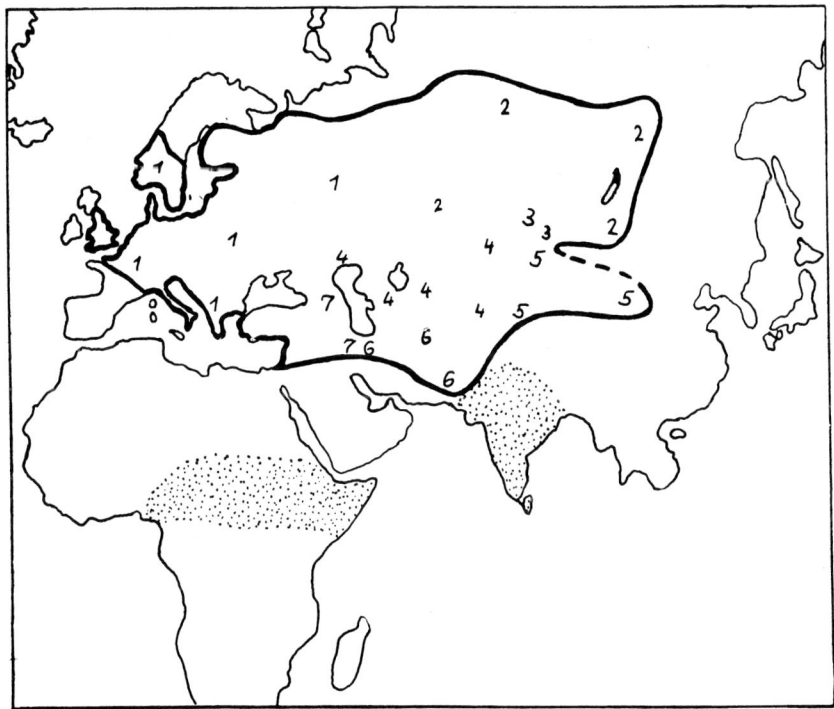

Abb. 3. Das Verbreitungsgebiet der Zaungrasmücke. Umrandet Brutgebiet, punktiert Winterquartiere. Die Ziffern geben das ungefähre Verbreitungsgebiet der einzelnen Rassen an. Nach D e m e n t j e w - G l a d k o w 1954.

5

*Locustella* (Schwirle), *Acrocephalus* (Rohrsänger), *Hippolais* (Spötter) und *Phylloscopus* (Laubsänger), die somit als nahe Verwandte der Grasmücken anzusehen sind. Neben der morphologischen Ähnlichkeit äußert sich das in vielen Gemeinsamkeiten in der Lebensweise.

Die Familie der *Sylviidae* gehört zur großen Gruppe der *Passeriformes,* der im System von W e t m o r e an letzter Stelle stehenden Ordnung der Vögel.

Die Z a u n g r a s m ü c k e bewohnt Mitteleuropa und den größten Teil der Sowjetunion, wobei sie ihre Ostgrenze etwa bei 120° östlicher Länge erreicht. In Europa fehlt sie jedoch in Spanien und Portugal, im südwestlichen Teil Frankreichs (abweichend von diesen Angaben D e - m e n t j e w - G l a d k o w s 1954 wird nach P e t e r s o n - M o u n t - f o r t - H o l l o m 1956 aber auch die Bretagne besiedelt), in Irland und Schottland sowie im südlichen Teil Italiens und auf den Mittelmeerinseln. Auf der skandinavischen Halbinsel wird lediglich die südliche Hälfte bewohnt. Im Norden der Sowjetunion erreicht ihr Areal das Weiße Meer, dann verläuft die Grenze den Tundrarand entlang nach Osten. Im Süden dehnt es sich bis zum Vorderen Orient, dem Iran, Afghanistan und dem Tienschan-Gebirge aus, mit einem Zipfel bis in die Mongolei hineinreichend.

Die D o r n g r a s m ü c k e ist in g a n z Europa einschließlich des Küstengebietes von Nordafrika beheimatet und fehlt nur dem Norden Skandinaviens. In Asien ist ihre Verbreitung weniger ausgedehnt als die der Zaungrasmücke. Die Ostgrenze wird etwa vom 90. Längengrad gebildet, nach Süden werden die zentralasiatischen Gebirge nicht überschritten.

Die Verbreitungsgebiete beider Arten sind auf den Abb. 3 und 4 dargestellt, die neben der Aufteilung der Rassen dem umfangreichen Werk D e m e n t j e w s und G l a d k o w s , „Die Vögel der Sowjetunion" 1954 (russ.), entnommen wurden.

Dem größeren Areal entspricht bei der Z a u n g r a s m ü c k e eine größere Zahl von Rassen, die sich vor allem im Süden desselben, in den verschiedenen, oft voneinander isolierten Gebirgen herausbildeten.

Es werden unterschieden:

    1. *Sylvia c. curruca* L. 1758
        Mitteleuropa, östlich bis zum Ural und zum Schwarzen Meer.

    2. *S. c. blythi* T i c e h u r s t et W h i s t l e r 1933
        Sibirien.

3. *S. c. telengitica* S u s c h k i n 1925
   Altai.

4. *S. c. halimodendri* S u s c h k i n 1904
   Kasachstan, Turkmenien, Steppen der Wolganiederung.

5. *S. c. minula* H u m e 1845
   Kaschgarien und Zentralasien.

6. *S. c. affinis* B l y t h 1845
   In den Bergen Mittelasiens, in Afghanistan, Belutschistan und
   im Kaschmir.

7. *S c. caucasia* O g n e w et B a n j k o w s k i j 1910
   Kaukasus und Iran.

Es sei darauf hingewiesen, daß diese Angaben mit den allerdings älteren
bei H a r t e r t, Die Vögel der palaearktischen Fauna, 1910—22, nicht
ganz übereinstimmen.

Abb. 4. Verbreitungsgebiet der Dorngrasmücke. Nach D e -
m e n t j e w - G l a d k o w 1954.

Bei der D o r n g r a s m ü c k e wurden dagegen nur drei Rassen bekannt:

1. *Sylvia c. communis* L a t h a m 1803
   Im westlichen Teil des Areals, bis zum Ural und auf der Krim.
2. *S. c. icterops* M é n é t r i e s 1832
   Kaukasus, Iran, Turkmenien, Kleinasien und Palästina.
3. *S. c. rubicola* S t r e s e m a n n 1928
   Westsibirien, Altai, Kentei, Tarabagatei, Tienschan und Tadschikistan.

Die ungefähre Verbreitung der einzelnen Rassen ist durch die Zahlen auf der Kartenskizze (Abb. 3, 4) angedeutet.

In Europa kommt demnach in beiden Fällen die Nominatform vor. Lediglich in Schottland und Dänemark ist die sibirische Rasse *Sylvia curruca blythi* über ein Dutzend Male als Irrgast festgestellt worden.

Bis zu einem gewissen Grad läßt sich aus der Gesamtverbreitung der Art und der Aufsplitterung in einzelne Rassen die Wirksamkeit der abiotischen ökologischen Faktoren herausdeuten. Wenn sich so auch keine genaue Übereinstimmung mit Linien gleicher klimatischer Faktoren feststellen läßt, so zeigt sich doch generell, daß die D o r n g r a s - m ü c k e anpassungsfähiger an die verschiedenen Bedingungen ist und sich als ökologisch plastischer erweist. Dies wird gleichzeitig bewiesen durch die wesentlich geringere Rassenbildung im fast der anderen Art entsprechenden Areal.[1]

Der deutsche Name für die Gattung „hat übrigens weder zu Gras noch zu Mücke eine Beziehung; er stammt vielmehr aus dem Mittelhochdeutschen und setzt sich zusammen aus gra und smiegen, also Gra-Smige, graue Schlüpferin, graue Schmiege" ( W a d e w i t z 1954). Wenn auf den ersten Blick unverständlich erscheinend und nicht auf „Anhieb" zu erklären, ist der Name doch eine recht treffende Bezeichnung zweier

[1] Nach neueren Untersuchungen erkennt V a u r i e 1959 (dessen Werk mir leider erst während Drucklegung dieser Arbeit zugänglich war) bei der Zaungrasmücke nur noch 4 Rassen an: *S. c. curruca* L. 1758, *S. c. blythi* T i c e h u r s t et W h i s t l e r 1933, *S. c. telengitica* Suschkin 1925 und *S. c. halimodendri* S u s c h k i n 1904, deren Areale etwas größer sind als bei D e m e n t j e w und G l a d k o w 1954 angegeben. *S. c. minula* H u m e 1845 und *S. c. affinis* B l y t h 1845 werden als eigene Arten aufgefaßt, während *S. c. caucasia* O g n e w et B a n k o w s k j 1910 ein Synonym von *S. c. curruca* L. sein soll.

Bei der Dorngrasmücke ist nach diesem Autor *S. c. rubicola* S t r e s e - m a n n 1928 ein Synonym von *S. c. icterops* M é n é t r i e s 1832. Als 3. Rasse wird *S. c. volgensis* D o m a n i e w s k i 1915 aufgeführt, die das Gebiet vom Ural und der Wolga bis zum Jenessei und zum Altai besiedelt.

hervortretender Eigenschaften, nämlich der unscheinbaren Gefiederfärbung und der Gewandtheit, mit der sich die Vögel auch im dichtesten Gestrüpp zu bewegen wissen.

Auch die deutschen Artnamen scheinen recht treffend. Bei der D o r n g r a s m ü c k e leitet er sich wohl von der Vorliebe für den Aufenthalt in Dorngebüschen (im weiteren Sinne) ab; bei der Z a u n g r a s m ü c k e dürfte die Bevorzugung von Gärten, Anlagen und ähnlicher, in der Nähe menschlicher Siedlungen gelegener Biotope, die meist eine Vielzahl toter und lebender Zäune (Hecken) aufweisen, zu dieser Benennung geführt haben. Der auch häufig gebrauchte Name Klappergrasmücke läßt sich zurückführen auf die auffallende, auf einem Ton vorgetragene Klapperstrophe des Gesanges, an der man den Vogel schon von weitem erkennt.

Weitgehend ihre Bedeutung verloren haben die früher weit verbreiteten Lokalnamen für beide Arten. Wenn sie auch sehr interessant und z. T. kurios sind, sei an dieser Stelle doch nur darauf verwiesen, daß man sie erschöpfend in den beiden Ausgaben des ‚Großen Naumann' findet.

### Beschreibung, feldornithologische Kennzeichen

Unter den heimischen Vertretern der Gattung *Sylvia* sind Zaun- und Dorngrasmücke die beiden kleinsten Arten. Sie sind knapp sperlingsgroß und weisen eine Flügellänge von 62—68 bzw. 70—77 mm auf. Das Gewicht schwankt bei adulten Tieren zwischen 11,6 und 13,5 bzw. zwischen 13,0 und 16,0 g.

Die Geschlechter der Z a u n g r a s m ü c k e sind äußerlich nicht zu unterscheiden. Die Oberseite zeigt ein einfarbiges Grau, das sich bis auf den Kopf erstreckt. Über die Wange zieht sich bis in die Ohrgegend ein etwas dunklerer Streifen. Die Körperunterseite ist weißlich, an den Flanken mit grauem Anflug. Bei beiden Arten ist die Kehle reinweiß, das gab Veranlassung zu ihrem englischen Namen "White throat" (= Weißkehlchen).

Bei der D o r n g r a s m ü c k e tritt neben dem Graubraun des Rükkens ein leuchtend sattes Braun auf den Schwingen auf. Jede Feder trägt hier einen kleinen braunen Randstreif, die in ihrer Gesamtheit dem Vogel ein braunes Aussehen verleihen. In manchen Gegenden wird die Dorngrasmücke daher auch einfach als braune Grasmücke bezeichnet. Die Unterseite ist wie bei der Zaungrasmücke weißlich mit einem schwachen graubraunen Anflug. Der Geschlechtsdimorphismus äußert sich in einer verschiedenartigen Färbung des Kopfes. Das ♀ trägt ein unauffälliges Braun, das ♂ dagegen ein helles Grau, das sehr schön mit der weißen Kehle kontrastiert. Die von D r o s t in einem Merkblatt der Vogelwarte Helgoland angegebenen Merkmale (♂ kleine Decken mit grauer Spitze, Außenfahnen der äußersten Steuerfedern weiß, ♀ kleine Decken braun ohne graue Spitzen, Außenfahnen grauweiß zumindest am Ende, Innenfahne dunkler und bräunlicher als beim ♂) sind bei der Bestimmung gefangener Vögel wertvoll.

An der relativen Länge der Handschwingen sind gefangene oder präparierte Vögel artmäßig sofort zu unterscheiden. Bei der D o r n g r a s - m ü c k e ist die 1. Schwinge kürzer als die darüberliegenden Handdecken, während die 2., 3. und 4. fast gleichlang und am längsten sind. Bei der Z a u n g r a s m ü c k e ist bereits die 1. Schwinge länger als die Handdecken, die 2. jedoch wesentlich kürzer als die 3., die am längsten ist.

Die schlanken, unscheinbar gefärbten Vögel halten sich im allgemeinen sehr behende und unruhig in mehr waagerechter als aufrechter Haltung in Gebüschen umherschlüpfend auf. Ihre Beobachtung ist dadurch nicht ganz einfach. Mit dem Feldstecher recht gut erkennbar und daher ein wichtiges Unterscheidungsmerkmal ist die Farbe der Beine. Sie sind bei der D o r n g r a s m ü c k e hellbraun bis gelb, bei der Z a u n g r a s m ü c k e dunkel.

Beiden Arten gemeinsam ist der Besitz von weißen Außenfahnen an den äußeren Steuerfedern, die bei anderen Grasmücken nicht vorkommen. Sie lassen eine Unterscheidung von ihnen daher schon bei flüchtiger Beobachtung zu.

Als bestes feldornithologisches Merkmal auch unter schwierigsten Bedingungen ist die Stimme anzusehen. Die Z a u n g r a s m ü c k e läßt neben einem leisen, nur in der Nähe vernehmbaren „Schwatzgesang" ein weithin hörbares Klappern auf einem Ton erschallen, in das zeitweise mäuseartige „Zizizi" eingeflochten werden. Von der D o r n g r a s - m ü c k e vernimmt man dagegen einen kurzen zwitschernden Gesang, der häufig mit einem Balzflug verbunden ist.

Das während der Nestlingszeit angelegte und bei beiden Arten etwas mehr Braun zeigende Jugendkleid wird bereits mit dem Selbständigwerden der Jungen teilweise gemausert. Ende Juni beginnend, werden alle Federn des Kleingefieders gewechselt. Ende August Anfang September ist die Jugendmauser beendet. Zur gleichen Zeit machen die Altvögel eine Vollmauser durch, also zu einer Zeit, da die Vögel bereits mit dem Zug in die Winterquartiere beginnen. Hierbei werden neben dem Kleingefieder auch die Steuer- und Schwungfedern gewechselt. Nach den Feststellungen von H e i n r o t h 1910 werden dabei — wie bei allen Passeres — die Handschwingen nacheinander von innen nach außen erneuert. Bei den Armschwingen beginnt die Mauser sowohl innen wie außen, die mittelste Feder fällt zuletzt aus.

Im Winterquartier machen sowohl alte wie junge D o r n g r a s m ü k - k e n eine Vollmauser durch, bei der wieder das Brutkleid angelegt wird. Bei der Z a u n g r a s m ü c k e erfolgt zu dieser Zeit nur eine Teilmauser, die u. U. ganz unterdrückt werden kann.

Die Unterscheidung diesjähriger und adulter Vögel im Herbst ist bei der D o r n g r a s m ü c k e möglich durch verschiedene Abnutzung und geringe Färbungsunterschiede der Steuerfedern. Durch das Fehlen einer Wintervollmauser besteht bei der Z a u n g r a s m ü c k e diese Möglichkeit sogar noch im Frühjahr. Es sei jedoch darauf hingewiesen, daß diese Bestimmungen nur durch geübte Praktiker mit der nötigen Sicherheit erfolgen können.

### Allgemeine Bewegungsweisen

Unbedingte Voraussetzung für jedes Studium des Verhaltens ist die Kenntnis der Sinnesleistungen der jeweils untersuchten Tiere. Vögel sind dadurch, daß die Grenzen der Leistungsfähigkeit ihrer Sinnesorgane weitgehend mit denen des Menschen übereinstimmen, am ehesten von allen Tieren zu „verstehen". Man denke nur an die Schwierigkeiten, die sich aus der hohen Leistungsfähigkeit der Nase bei den meisten Säugern ergeben!

In einigen wenigen (bisher bekannten?) Fällen zeigte es sich aber, daß diese Übereinstimmung zwischen Mensch und Vogel doch nicht vollkommen ist. Es sei nur an das sehr feine Empfinden der Vögel für Helligkeitsunterschiede erinnert, auf das man bei der Untersuchung des morgendlichen Sangesbeginnes stieß. Über die Grenzen der optischen Wahrnehmungsfähigkeit bei Nachtvögeln wissen wir noch sehr wenig. Über das Riechvermögen der Vögel erregen sich anläßlich der Entenjagd immer wieder die Gemüter (z. B. S t e i n i g e r 1955).

Auch die Arbeit von S a u e r über die Orientierung ziehender Grasmücken nach den Gestirnen erregt in dieser Hinsicht Erstaunen. Neben einer Kenntnis der Sternbilder wird die Existenz einer sog. „inneren Uhr" angenommen, nach der die durch die Wanderung der Sternbilder bedingte notwendige Korrektur zur Ermittlung der wahren Himmelsrichtung vorgenommen werden muß. S c h w a r t z k o p f 1948 wies darauf hin, daß der Vibrationssinn bei Vögeln viel entwickelter ist als beim Menschen, so daß einige Auslöser auch hierüber wirken könnten.

Trotzdem dürfte es für die Beschreibung und den Versuch der Erklärung des normalen Verhaltens der meisten Vögel und besonders der *Passeriformes*, zu denen die beiden behandelten Arten zählen, ausreichen, mit menschlichen Sinnesleistungen vergleichbare Fähigkeiten zur Aufnahme äußerer Reize anzunehmen. Auf die Tätigkeit der einzelnen Sinnesorgane soll daher nicht näher eingegangen werden.

In ihren typischen Bewegungsweisen entsprechen sich Zaun- und Dorngrasmücke vollkommen. Sie sind typische Gebüschvögel und bewegen sich sehr gewandt und schnell in dichtem Unterholz, in Hecken und Gestrüpp. Sie halten sich nie lange an einer Stelle auf und wirken dadurch unruhig. Es ist unmöglich, Vögel, die nicht immer wieder ihren Aufenthaltsort durch Gesang verraten, längere Zeit hindurch zu beobachten. Die typisch waagerechte Haltung beim Durchschlüpfen des Gestrüpps wurde bereits erwähnt. Sie ermöglicht eine Unterscheidung von Angehörigen anderer Familien durch den Beobachter auch auf weitere Entfernung. Auf dünnen Ästen werden die Beine dabei fast gestreckt, auf dickeren dagegen sind sie im Fersengelenk stark eingeknickt. Ähnlich ist die Haltung, die bei den seltenen Aufenthalten auf dem Erdboden eingenommen wird. Sie erschwert u. U. das Ablesen angebrachter Farbringe. Die Gewandtheit im Klettern geht so weit, daß es beispielsweise der Zaungrasmücke dadurch möglich wird, gelegentlich mit dem Körper nach unten hängend Nahrung zu suchen. Dabei klammern die Füße mit den kräftigen Zehen sich an einen waagerechten Ast.

Auch die Lokomotion erfolgt großenteils durch Klettern und Hüpfen innerhalb der Deckung. Kleinere Gebüschlücken werden mit kurzen, flatternden Flügelschlägen überwunden. Nur selten fliegen sie über größere freie Strecken. Der F l u g ist dann jedoch recht schnell und fördernd, der Körper bewegt sich in einer schwach angedeuteten Wellenlinie. Auf den bei beiden Arten vorkommenden Balzflug wird im entsprechenden Kapitel noch eingegangen. — Manchmal werden Klettern und Fliegen zu einer eigenartigen Bewegungsweise kombiniert: Der Vogel „läuft" mit schnell schlagenden Flügeln senkrecht an Baumstämmen empor. Öfter beobachtet man es bei Laubsängern; erklärt wird es am besten als ein Rütteln, bei dem die Beine den Anprall an den Stamm verhindern sollen. Auch echter Rüttelflug kommt vor, bei dem fliegende Insekten erbeutet werden, doch ist er nicht häufig.

Das rastlose Umherschlüpfen dient in erster Linie der Nahrungssuche und -aufnahme. So erbeuten die Vögel in der Regel freilebende Insekten, Spinnen, usw. Es konnte aber zuweilen beobachtet werden, wie

Zaungrasmücken unter großem Kraftaufwand Flechten und kleine morsche Rindenstücke mit dem Schnabel von Stämmen und Ästen loszerrten, um die begehrte Nahrung zu erreichen. Meist wird sie aber dort gesucht, wo sie leichter zu erlangen ist und wobei Büsche und Bäume vom Erdboden an bis etwa 10 m Höhe abgesucht werden. An Stellen mit reichem Nahrungsangebot finden sich die Vögel immer wieder ein. Solche regelmäßig besuchten Nahrungsplätze sind blühende Salix-Büsche im Frühjahr, an denen die zahlreichen Blütenbesucher gefangen werden, oder stark von Raupen befallene Büsche oder Bäume im Sommer.

Bemerkt der Vogel in seiner Nähe etwas Ungewöhnliches, ohne es genau zu erkennen, so s i c h e r t er. Durch Anlegen des Gefieders wirkt der Körper noch schlanker, der Hals ist gereckt, der Kopf in Richtung der Störung gedreht, und der Vogel knickt in den Fersengelenken ein. Der Vogel zeigt also genau das gleiche Verhalten wie unmittelbar vor Beginn eines Fluges, er „trifft die Vorbereitungen dazu". Es handelt sich beim Sichern demnach um eine typische Intentionsbewegung. Bevor er aber die Flucht ergreift, versucht er, vor allem mit Hilfe des Gesichtssinnes, zu erkennen, ob und welche Gefahr ihm droht. Wird z. B. ein Bodenfeind, wie ihn auch der Mensch darstellt, erkannt, ändert sich die Haltung im Moment des Erkennens sofort. Der Vogel zeigt jetzt Anzeichen von Erregung, wobei er die Absicht, zu fliehen, aufgibt, es sei denn, der Feind befände sich bereits in bedrohlicher Nähe. Die E r - r e g u n g äußert sich in einem Sträuben des Kehl- und des Scheitelgefieders sowie in einem leichten Spreizen des Schwanzes. Auch während des Gesanges beobachtet man diese Haltung, hier durch die sexuelle Erregung des ♂ bedingt. Der Ausdruck der Erregung ist viel auffälliger und weitaus öfter zu sehen als das Sichern.

Vom sogenannten K o m f o r t v e r h a l t e n sind das Putzen, das Sonnen und das Baden zu erwähnen. Das P u t z e n erschöpft sich in einigen schnellen Bewegungen mit dem Schnabel, durch die die Federn geordnet werden. Nur unter besonderen Umständen wird es ausdauernd und systematisch durchgeführt. Solche Fälle sind Nestbautätigkeit, Baden und starker Regen, wonach die Vögel das unordentlich gewordene Gefieder wieder richten. Bei den Nestlingen treten Putzbewegungen vom 9. Tag an auf. Sie dienen hier in erster Linie der Beseitigung der Spulenreste von den sich entwickelnden Federn (Abb. 5).

Das S o n n e n sieht man bei alten Vögeln nur selten, man hat den Eindruck, sie hätten „keine Zeit" dafür. Häufig sonnen sich dagegen die ausgeflogenen Jungen, bevor sie selbständig werden und den Fa-

Abb. 5. Sich putzender Zaungrasmückennestling (12 Tage alt). Hier werden die zerbröckelnden Reste der Federscheiden entfernt.

milienverband verlassen. Besonders die warme Morgensonne wird dazu genutzt, wogegen die Mittagszeit an heißen Tagen mehr im Schatten verbracht wird. Der Vogel sitzt während des Sonnens bewegungslos auf einem Ast in einer kleineren Gebüschlücke, sträubt das ganze Gefieder und läßt die Flügel etwas hängen, so eine Vergrößerung der wärmeaufnehmenden Oberfläche erzielend. Meist wird der Rücken oder eine Körperseite der Sonne zugedreht. Oft putzen sich die Vögel gleichzeitig dabei.

Das B a d e n konnte ich bisher nur bei der Z a u n g r a s m ü c k e beobachten, es wird aber bei der D o r n g r a s m ü c k e sicher nicht fehlen. Veranlaßt werden die Vögel dazu offenbar durch die hohe Lufttemperatur der heißen Sommertage; bei bedecktem Himmel oder kühlerem Wetter scheinen sie kein Bedürfnis dafür zu haben. Auf einem hineinragenden Ast oder vom flachen Rand der Wasserlache aus steigt der Vogel ins Wasser und planscht darin umher. Er hält sich jedoch nie lange dabei auf und zieht sich bald wieder ins Gebüsch zurück. Mit schnellen Flügelschlägen und heftigen Schüttelbewegungen wird das anhaftende Wasser entfernt. Dadurch versucht der Vogel, den Trockenprozeß zu beschleunigen. Dazwischen werden intensive Putzbewegungen

14

ausgeführt, bis der Vogel sich schließlich ganz ins Gebüsch zurückzieht und dort wieder der Nahrungssuche nachgeht.

Über die im Laufe des ganzen Lebens auftretenden stimmlichen Äußerungen bei der Dorngrasmücke lese man bei S a u e r 1954 nach, der in einer groß angelegten Arbeit alle Lautformen untersuchte. Soweit sie auch im Freiland gehört werden konnten, werden sie bei der Behandlung der einzelnen Kapitel erwähnt, ebenso wie die Laute der Zaungrasmücke.

## Ankunft im Brutgebiet

Mit zu den letzten jährlich bei uns eintreffenden Zugvögeln gehörend, kehren etwa um den Monatswechsel April—Mai die Grasmücken in ihr hiesiges Brutgebiet zurück, nachdem sie den Winter im Gebiet des mittleren und nördlichen Afrika verbracht haben.

Der Zug der Z a u n g r a s m ü c k e erfolgt dabei ausschließlich über Kleinasien—Osteuropa im Bogen östlich um das Mittelmeer herum. Bei der D o r n g r a s m ü c k e ist die Zugrichtung weniger einheitlich. Bei mitteleuropäischen Brutvögeln sind sowohl die Frühjahrszugrichtungen SW—NO (westliche Umgehung des Mittelmeeres), S—N (Zug über die Apenninenhalbinsel), als auch SO—NW ähnlich wie bei der Zaungrasmücke möglich. Entscheidend dafür ist die Lage des Brutgebietes zu einer in Mitteleuropa vorhandenen Zugscheide.

Phänologische Angaben aus den entfernteren Durchzugsgebieten fehlen fast völlig. Lediglich B a n n e r m a n 1954 bringt Feststellungen von M e i n e r t z h a g e n in Ägypten, wonach der gesamte Frühjahrszug der Z a u n g r a s m ü c k e dort in der relativ kurzen Zeitspanne vom 25. März bis in die erste Aprilwoche hinein stattfindet.

Wenn auch die Ankunftsdaten ziemlich variieren können, wird doch bei der Erstankunft der einzelnen Grasmückenarten eine bestimmte Reihenfolge regelmäßig eingehalten. Nach N i e t h a m m e r 1937 liegt diese im Gebiet Gesamtdeutschlands wie folgt: Mönchsgrasmücke Mitte, zuweilen schon Anfang April; Zaungrasmücke 2. Hälfte des April; Dorngrasmücke frühestens im letzten Drittel des April, in der Regel im Mai und Gartengrasmücke in der ersten Hälfte des Mai, zuweilen schon Ende April. — Für Sachsen gelten diese Angaben noch, wenn auch die Termine etwas später liegen ( H e y d e r 1952).

Es ist interessant festzustellen, daß zumindest im Raum Mecklenburg (heutige Bezirke Rostock, Schwerin und Neubrandenburg), wahrscheinlich aber in ganz Norddeutschland sich diese Reihenfolge ändert. Während in Schleswig-Holstein in 5 Jahren die Mönchsgrasmücke einmal früher, zweimal zugleich und zweimal später als die Zaungrasmücke festgestellt wurde (P a u s e 1954), erscheint in Mecklenburg die Zaungrasmücke immer als erster Vertreter der Gattung vor der Mönchsgrasmücke. Nach Aufzeichnungen von S t ü b s (in litt.) und eigenen Beobachtungen für die Jahre 1950 bis 1960 kamen in Greifswald beide Arten lediglich in zwei Jahren zu gleicher Zeit an. Diese Reihenfolge wird auch schon von H ü b n e r 1908 und R o b i e n 1920 angeführt und von K u h k 1939 bestätigt.

Es ist zu vermuten, daß auf dem Wege in dieses Gebiet bei der Mönchsgrasmücke ein lokaler Stau im mitteldeutschen Raum eintrat, während die Zaungrasmücke diesen Raum zügig durchquert und ihre Verwandte dabei überholt. Auf welche Ursachenkomplexe dies zurückzuführen ist, kann nur vermutet werden.

Eine Aufstellung mecklenburgischer Ankunftsdaten eines Jahres, die von K a i s e r im „Ornithologischen Rundbrief Mecklenburgs" Nr. 22—23 1956 gegeben wird, zeigt, daß die Daten für das südwestliche Mecklenburg im allgemeinen einige Tage früher liegen, am stärksten ausgeprägt bei der Gartengrasmücke, am schwächsten bei der Zaungrasmücke. Die Daten für die Mönchsgrasmücke liegen nur unwesentlich vor den Greifswalder Angaben, so daß ihre Zuggeschwindigkeit also nicht geringer als die der Zaungrasmücke ist. Der Stau muß also in Mitteldeutschland auftreten; seinen Ursachen nachzugehen, wäre sehr interessant.

Die Schwankungen bei der Erstankunft betrugen im zehnjährigen Durchschnitt bei der Z a u n g r a s m ü c k e 16 Tage, bei der D o r n g r a s m ü c k e bis zu 27. Da alle Arten sogleich nach ihrer Ankunft fleißig singen, fallen sie auf und sind bei der Beobachtung kaum zu übersehen.

Als mittlere Erstankunft für Greifswald ergab sich für diesen Zeitraum bei der Z a u n g r a s m ü c k e der 25. April, bei der D o r n g r a s m ü c k e der 6./7. Mai. Diese stimmen mit den von K u h k 1939 nach fünfzehnjährigen Feststellungen von S t e h l m a n n angeführten Durchschnitten völlig überein.

Als wichtigster ökologischer Faktor, der die Ankunft reguliert, ist die Temperatur oder wie H ü b n e r es etwas volkstümlicher ausdrückt, das „Fortschreiten der allgemeinen Frühjahrserwärmung" anzusehen, die direkt oder indirekt darauf einwirkt. So erfolgt in England mit seinem milderen maritimen Klima die Ankunft der Dorngrasmücke bereits in den letzten Tagen des März, der Zaungrasmücke im Mittel am 8. IV. (W i t h e r b y 1952). Vergleicht man die mittlere Lufttemperatur der Tage, an denen Grasmücken erstmalig beobachtet werden, mit der der vorhergehenden Tage, so ergibt sich kein eindeutiger Befund. Unter Zugrundelegung Greifswalder Verhältnisse stellte sich heraus, daß in 55 % aller Fälle die Vögel das Gebiet erreichten, nachdem die Temperatur seit mindestens 4 Tagen eine steigende Tendenz hatte, aber nur in 23 % der Fälle, wenn sie seit länger als 4 Tagen gefallen war. Man wird daher am besten tun, die Grasmücken in eine Gruppe zwischen „Instinkt- und Wettervögel" (T i s c h l e r 1955) zu stellen und den Anteil der Außenfaktoren als begrenzt vorhanden anzunehmen.

Es liegt aber der Gedanke nahe, das Eintreffen der Zugvögel zumindest mit einem bestimmten Stand der Entwicklung der Vegetation in ihrem Brutgebiet in Zusammenhang zu bringen. Schon N a u m a n n 1822 tat dies, wenn er schrieb: „Sie (die Zaungrasmücke) erscheint nämlich bei uns um die Mitte des April, wenn sich die Stachelbeerbüsche eben mit jungem Grün geschmückt haben." In bezug auf den Nestbau nimmt S t e i n b a c h e r 1942 in gleichem Sinne an, daß die Grasmücken damit warten, „bis die Laubentfaltung genügende Deckung bietet".

Der Vergleich exakter phänologischer Daten mit den Daten der Erstbeobachtung zeigt jedoch, daß auch hier nur eine geringe zeitliche Korrelation besteht. Die jährlichen Schwankungen entsprechen einander nicht.

Zahl der ankommenden Vögel, Ankunftszeit der beiden Geschlechter und andere Fragen sind in starkem Maße von der jeweilig herrschenden Wetterlage abhängig. In den zwei zur speziellen Beobachtung verfügbaren Jahren machten sich die dadurch bedingten Unterschiede deutlich bemerkbar.

Beide Arten sind Nachtzieher wie die meisten Insektenfresser, ihre Ankunft erfolgt daher des Nachts oder in den ersten Morgenstunden. Bei der Z a u n g r a s m ü c k e hält der Zug bis etwa anderthalb Stunden nach Sonnenaufgang an. Bis zu diesem Zeitpunkt war beispielsweise am 17. IV. 1959 im Untersuchungsgebiet von ihrer Anwesenheit nichts zu bemerken. Um die Beobachtung zu sichern, wurde nach Feststellung des ersten Vogels das Gebiet, in dem sie vorher fehlten, noch einmal durchgegangen. Inzwischen waren auch dort zwei Vögel eingetroffen. Die ♂♂ sind nach ihrer Ankunft sehr aktiv und ermöglichen die zuverlässige Feststellung auch in quantitativer Hinsicht, zumal die Belaubung der Bäume und Büsche nur gering entwickelt ist.

Wie auch in der Literatur übereinstimmend angegeben, erreichen sowohl bei der Z a u n - als auch bei der D o r n g r a s m ü c k e die ♂♂ zuerst das Brutgebiet. In Jahren mit normaler Wetterlage oder gar in einem besonders zeitigen Frühjahr wird das sehr deutlich, da a l l e zu beobachtenden Vögel in den ersten Morgenstunden sehr häufig singen. Ihre Zahl ist in den ersten Tagen sehr gering, im Laufe der Zeit nimmt sie immer mehr zu. 1959 wurden, bei Ankunft der ersten Z a u n g r a s - m ü c k e n - ♂ ♂ am 17. IV., sogar bis zum 12. V. laufend Neuankömmlinge notiert. Für den weiteren Zuzug ist das Wetter sehr bedeutungsvoll: Kühle, stürmische Tage stoppen ihn unter Umständen ganz. Die D o r n g r a s m ü c k e brauchte, wohl infolge der Anfang Mai schon beständigeren Witterung, nur den Zeitraum einer guten Woche bis zum Erreichen der endgültigen Siedlungsdichte.

Diese Angaben gelten für die bevorzugten, optimale Lebensbedingungen bietenden Biotope. Besonders innerhalb größerer geschlossener Waldkomplexe bemerkt man beide Arten erst geraume Zeit später. Zwar können genaue Zeitangaben hier nicht gemacht werden, doch scheint die Differenz bei etwa einer Woche zu liegen. Dies zeigen neben eigenen Feststellungen auch die Aufzeichnungen der tägliche Beobachtungen durchführenden Vogelschutzstation Serrahn.

Die Ankunft der ersten D o r n g r a s m ü c k e n - ♀♀ erfolgt nach H o w a r d 1907—1914 in England ungefähr 12 Tage nach der der ersten ♂ ♂. Im Beobachtungsgebiet waren es 7 bzw. bei der Z a u n - g r a s m ü c k e 5 Tage, um die die ♀♀ später erschienen. Sie sind daran erkennbar, daß sie gemeinsam mit einem singenden ♂ zu beobachten sind. (Nie sieht man 2 ♂ ♂ derart zusammen). Infolge fehlender Lautäußerungen sind sie aber viel unauffälliger, die Dauer ihres Zuzuges ist nicht einwandfrei zu bestimmen.

Das Auftreten von Durchzüglern, die bestimmt vorhanden waren, trat bei beiden Arten nicht in Erscheinung. Es kam nie vor, daß die Zahl der Vögel abnahm und beringte nachher verschwunden waren.

In Jahren mit einem kalten April und dadurch verspäteter Ankunft, wie es 1958 der Fall war, werden diese Regeln nicht eingehalten. Auf dem Zug tritt dann eine Stauung ein; bei Einsetzen günstigen Zugwetters begibt sich die Masse der Vögel gleichzeitig auf den Weg. So kommt es, daß bereits am ersten Tage der Großteil der ♂ ♂ zusammen mit den ersten ♀♀ eintrifft.

### Revierbesetzung und Revier

Sogleich nach ihrer Ankunft beginnen die ♂ ♂ beider Arten, ohne Rücksicht auf die herrschende Witterung, zu singen. In einem Zeitraum bis zu drei Tagen nach der Ankunft ist die funktionelle Bedeutung des Gesanges aber unterschiedlich.

Bei der Z a u n g r a s m ü c k e ist das „Klappern" als Hauptteil des Motivgesanges, das auch über weitere Entfernungen zu vernehmen ist, tonal völlig dem später während der Revierverteidigung und der Paarbildung gebrachten Gesang gleich. Im Gegensatz dazu lassen die D o r n - g r a s m ü c k e n - ♂♂ unmittelbar nach ihrer Ankunft ausschließlich leisen, funktionslosen Gesang hören, der von dem von juvenilen Vögeln im Herbst gebrachten Jugendgesang nach S a u e r 1954 nicht zu unterscheiden ist und ihm entspricht. Oft aber schon nach einem oder zwei Tagen wird der laute, häufig von exponierten Singplätzen aus vorgetragene Reviergesang hineingeflochten; sein Anteil nimmt in der Folge immer mehr zu und ist bald die vorherrschende Gesangsform. Dabei wirkt die Anwesenheit bzw. der Gesang anderer ♂♂ offenbar stimulierend, die später eintreffenden Vögel bringen sofort den Motivgesang.

Ungünstige Witterung, verspätete und dadurch bedingte Massenankunft führen, wie es zu erwarten ist, sofort zum Einsetzen des Revierverhaltens. Fast gleichzeitig mit dem Sangesbeginn läßt sich das ♂ in einem bestimmten Gebiet nieder und verläßt dieses unter normalen Umständen bis zur Beendigung der Brut nicht mehr. Die Besetzung dieses R e v i e r e s geht schnell und unauffällig vor sich. Die Ortsbewegungen der vorher unruhig umherstreifenden ♂♂ konzentrieren sich immer mehr; die selbstgesteckten Grenzen werden nicht überschritten.

Die Markierung der Reviergrenzen gegenüber den anderen Vögeln geschieht vorwiegend akustisch. Der Gesang hält diese davon ab, das gleiche Gebiet aufzusuchen. Da er aus allen Revierteilen vorgetragen wird, wird die besetzte Fläche deutlich gekennzeichnet. Besonders nach Ortsveränderungen wird fast regelmäßig gesungen und der neue Standort so bekannt gemacht.

Bei der D o r n g r a s m ü c k e tritt zusätzlich auch optische Markierung auf. Als Singplätze fungieren die Spitzen einzelner Büsche, hervorragende Seitenäste von Bäumen oder, wie es entlang von Straßen häufig der Fall ist, die Drähte von Telefon- und Stromleitungen. An diesen Plätzen sind die Vögel oft weithin sichtbar, die helle Unterseite und die weiße Kehle machen sie auch artmäßig erkennbar.

Balzflüge kommen bei beiden Arten vor ( H e i n r o t h 1928 erwähnt sie nur bei der Dorngrasmücke und sagt, daß man sie bei anderen Grasmücken nicht finde), sie sind jedoch sowohl in ihrer Form wie auch in ihrer Funktion nicht gleichwertig. — Bei der Z a u n g r a s m ü c k e bestehen sie aus mit flatternden Schlägen ausgeführten Flügen, bei denen das ♂ singt. Meist wird wie zu einem normalen Lokomotionsflug gestartet, worauf plötzlich der Gesang einsetzt und sich der Rhythmus

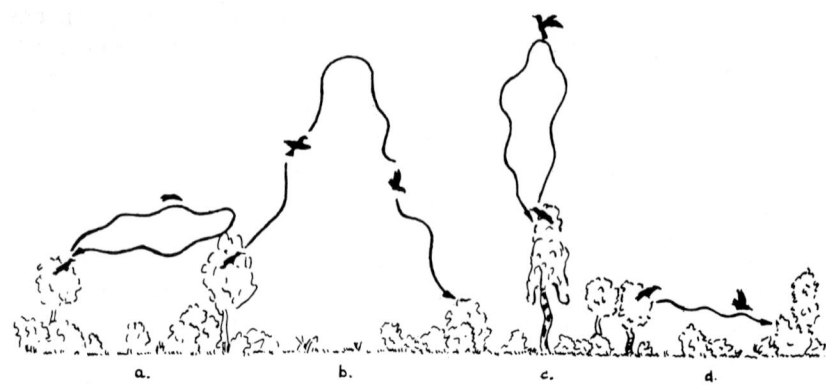

Abb. 6. Verschiedene Formen der Balzflüge. a—c Dorngrasmücke, d Zaungrasmücke.

der Flügelbewegung ändert. Es ist so jedesmal eine Ortsveränderung damit verbunden. In dem stark coupierten Gelände, das von dieser Art bevorzugt wird, ist der Balzflug nie so weit sichtbar wie der Gesang hörbar. Seine Bedeutung für die Reviermarkierung muß daher recht gering eingeschätzt werden.

Optisch weitaus wirkungsvoller ist der Balzflug der D o r n g r a s - m ü c k e , der auch allgemein viel bekannter ist. Er führt den Vogel in schwach wellenförmiger Linie bis zu einer bestimmten Höhe in die Luft, von wo er dann ‚treppenförmig‘ mit gesträubten Scheitelfedern und gespreiztem Schwanz wieder ins Gebüsch zurückkehrt. Diesen abwärts führenden Teil vergleichen W i t h e r b y 1952 und B a n n e r m a n 1954 sehr treffend mit einem „Schweben wie an einem elastischen Faden“. Der Gesang umfaßt die normale Strophe, die etwas verlängert wird; Beginn und Ende in Beziehung zum Flug sind sehr variabel.

Zwischen Gesangsaktivität und Lufttemperatur bestehen gewisse Beziehungen. Die Häufigkeit des Gesanges ist in den frühen Morgenstunden am größten, gegen Mittag nimmt sie immer mehr ab. Wesentlich ist die Witterung. Heißes sonniges Wetter hemmt in der Mittagszeit den Gesang sehr, wogegen an bedeckten Tagen dieser kaum unterbrochen wird. Ebenfalls kann starker Wind die Vögel zum Schweigen bringen, während Regen weniger Einfluß hat. Am Nachmittag ist die Gesangsaktivität wesentlich geringer und nimmt gegen Abend ganz ab.

Im Laufe der Brutperiode wird der Gesang bis zur erfolgten Paarbildung in gleicher Intensität weiter gebracht,, unmittelbar danach schweigen die Vögel völlig. Während der Bebrütung kann man dann gelegentlich wieder kurze Teile der Strophe hören, die jetzt jedoch ohne Bedeutung für die Reviermarkierung sind und rein spontan hervorgebracht werden. Bis fast in den Juli hinein kann man so immer wieder neben den dauernd singenden unverpaarten auch verpaarte ♂♂ kurz singen hören.

Der Nachweis, ob der Gesang angeboren oder erlernt ist, kann nur experimentell (Kaspar-Hauser-Versuch) geführt werden. Bekanntlich muß man diese Frage von Fall zu Fall entscheiden. Bei der D o r n -g r a s m ü c k e hat S a u e r 1954 in einer sehr ausführlichen Arbeit nachgewiesen, daß alle Lautformen und Gesangstypen angeboren sind. Infolge der weitgehenden Übereinstimmung wird man dies mit einiger Berechtigung auch für die Z a u n g r a s m ü c k e annehmen dürfen. Interessant ist H e i n r o t h s (1928) Mitteilung, in der der Gesang der Zaungrasmücke als angeboren bezeichnet wird, der der Dorngrasmücke dagegen „merkwürdigerweise" nicht.

Der durch den Gesang bekanntgegebene Revierbesitz wird von anderen ♂♂ durchaus respektiert. Nur in seltenen Fällen nähern die ♂♂ sich einander, wenn sie sich auch häufig besonders in der Nähe der gefährdeten Grenze aufhalten. Dort singen sich D o r n g r a s m ü c k e n -♂♂ gegenseitig mit gesträubtem Gefieder an, bei sich nähernden Z a u n g r a s m ü c k e n nimmt der Anteil des leisen Vorgesanges immer mehr zu. Ein gegenseitiges Androhen konnte nicht beobachtet werden (Freilandbeobachtungen und Attrappenversuche), evtl. wirkt die Haltung des Vogels während des Gesanges als ein solches Drohen. Durch das Sträuben der Kehl- und Scheitelfedern wird der Kontrast zwischen grauem Oberkopf und der weißen Kehle noch erhöht.

Auch Kämpfe sind recht selten, obwohl B a n n e r m a n 1954 sogar von „heftigen Kämpfen" bei der D o r n g r a s m ü c k e spricht. Einwandfrei konnte nur einer bei der Z a u n g r a s m ü c k e beobachtet werden. Er beschränkte sich auf eine wilde Verfolgungsjagd, wobei der Revierinhaber das eindringende Nachbar-♂ verfolgte. In einem Kreis von ca. 15 m Durchmesser bewegten sich beide Vögel, ohne daß es zu einer direkten Berührung kam. Der Eindringling ließ den Verfolger fast herankommen, dann flog er weiter, worauf ihm letzterer nach kurzer Pause folgte. Inzwischen wurde fast ununterbrochen gesungen, wobei die Klapperstrophe mit vielen hellen „zizizi"-Lauten gemischt wurde. Zwei- oder dreimal konnte Zucken mit dem Schwanz und zitterndes Bewegen der Flügel als ritualisierte Bewegung, wie sie allgemein als Auslöser mit der Bedeutung „hin zu Dir" angesehen wird, erkannt werden. Weiter fiel auf, daß die Vögel oft die Schnäbel an dünnen Ästen wetzten. Nach 15 Minuten zog sich der Eindringling in sein Revier zurück, was der allgemeinen Regel vom Sieg des Revierinhabers entspricht.

Nach Feststellungen von H o w a r d (1907—1914) können bei der D o r n g r a s m ü c k e (und bei der Mönchsgrasmücke) bei Vorhandensein von 2 ♀♀ und nur einem ♂ auch die ♀♀ miteinander kämpfen (und sich gegenseitig den Besitz des ♂ streitig machen?).

Drohen und Kampf gegenüber anderen Arten beschränken sich ebenfalls auf einen, höchstens zwei Anflüge in Richtung des fremden Vogels. Das Tier ist anscheinend nicht in der Lage, über eine bestimmte Entfernung hinaus das auslösende Schema des Angreifers deutlich zu erkennen und geht bei durch irgendwelche Erregung erniedrigtem Schwellenwert bereits zum Angriff über, bevor der Fremdling genau erkannt wurde. Für andere Arten scheint dies ebenfalls zu gelten. Häufiger traten solche „Verwechslungen" nur zwischen der Z a u n g r a s m ü c k e und verschiedenen Laubsängern auf, gegenüber anderen Arten geschah dies nur zufällig. Besonders Körnerfresser, wie Ammern, Sperlinge u. a., wurden auch in unmittelbarer Nähe nicht beachtet, wie es außerdem die oft dicht zusammenliegenden Nester beweisen.

Eine von einer Z a u n g r a s m ü c k e gegenüber einem Grauen Fliegenschnäpper eingenommene Drohstellung beschreibt H a r r i s o n 1954, wobei der Vogel mit senkrecht erhobenem Kopf und gestelztem Schwanz dem Fremdling zu imponieren suchte.

Um Einzelheiten evtl. doch vorkommender Kämpfe kennenzulernen, wurden einige Attrappenversuche durchgeführt. Dazu wurden möglichst naturgetreu gestopfte Bälge benutzt. — Auf die Entdeckung der Attrappe hin gaben beide Vögel eines Z a u n g r a s m ü c k e n p a a r e s ihrer Erregung durch schnelles unruhiges Umherschlüpfen und ein fast pausenloses „Ticken", wie es als Warnlaut gegenüber anderen Feinden vorkommt, Ausdruck. Sich allmählich immer dichter heranwagend, er-

Abb. 7.    Zaungrasmückenweibchen bekämpft eine Attrappe durch Schnabelhiebe auf den Oberkopf. (Nach einer Fotografie)

folgte dann ohne jeden Übergang gleich der Angriff. Zuerst im Fluge, dann von hinten aus wurde der Oberkopf der Attrappe mit Schnabelhieben traktiert, bis der Angreifer schließlich auf dem Rücken der Attrappe landete und von dort einige Schnabelhiebe ausführte (Abb. 7). Danach klang die Erregung allmählich ab, nach kurzer Zeit war der „dummy" uninteressant geworden.

Während vor der Bildung des Paares das ♂ diese Angriffe ausführte, war es danach das ♀, das verteidigte (obwohl das ♂ die Attrappe entdeckt und durch sein „Ticken" gemeldet hatte!). Auch Freibeobachtungen zeigten deutlich die revierverteidigende Funktion des ♀ nach der Paarbildung. Durch einige Anflüge ohne direkten Kampf vertrieben ♀♀ über die Grenze gekommene fremde ♂♂, die sich ohne Gegenwehr zurückzogen.

Einer Mitteilung von A r m i n g t o n 1951 ist zu entnehmen, daß auch Polyterritorialismus, verbunden mit Polygamie, vorkommen kann. In dem beschriebenen Fall hatte ein fünfjähriges Dorngrasmücken-♂ zwei 300 m auseinander liegende Reviere besetzt.

Beide Arten haben nicht die Tendenz, ihr Revier möglichst zu vergrößern und die Grenzen immer weiter zu stecken. Dauerbeobachtungen markierter Vögel ergaben, daß sie sich durchaus auf das einmal erwählte Gebiet beschränken. So wird auch die Seltenheit der Kämpfe erklärt, ebenfalls wird das Drohen praktisch weitgehend überflüssig. Die Skizze in Abb. 8 gibt Lage und Form der Reviere der im Jahre 1959 zuerst angekommenen Z a u n g r a s m ü c k e n - ♂♂ im Beobachtungsgebiet Neuer Friedhof wieder. Von einem auf einer Grenze lastenden Druck kann keineswegs die Rede sein; zwischen den Revieren besteht jeweils eine neutrale Zone. Auch das ♂ 1686 mit seinem extrem kleinen Revier versucht nicht, die besetzte Fläche zu erweitern. Vom Biotop her ist diese Beschränkung nicht ohne weiteres erklärlich, doch scheint es, als ob der Anteil älterer, hoher Bäume an der Bestockung mitbestimmend ist: im Revier von 1686 beispielsweise sehr hoch, war im Revier von 11 dieser Anteil sehr niedrig. Andere, unbekannte Faktoren spielen sicher auch eine Rolle.

Mit dem Eintreffen weiterer ♂♂ werden die zuerst neutralen Gebiete großenteils aufgefüllt, verschiedene Reviere stoßen unmittelbar aneinander. Da nach der Paarbildung Gesang und Balzflug und damit die wirksame Reviermarkierung ausfallen, ergibt es sich häufig, daß Teile der ersten Reviere von den später ankommenden ♂♂ erneut besetzt werden. Dies zeigt sehr deutlich die Skizze in Abb. 9, die die Entwicklung der in Abb. 8 dargestellten Verhältnisse dokumentiert. Die

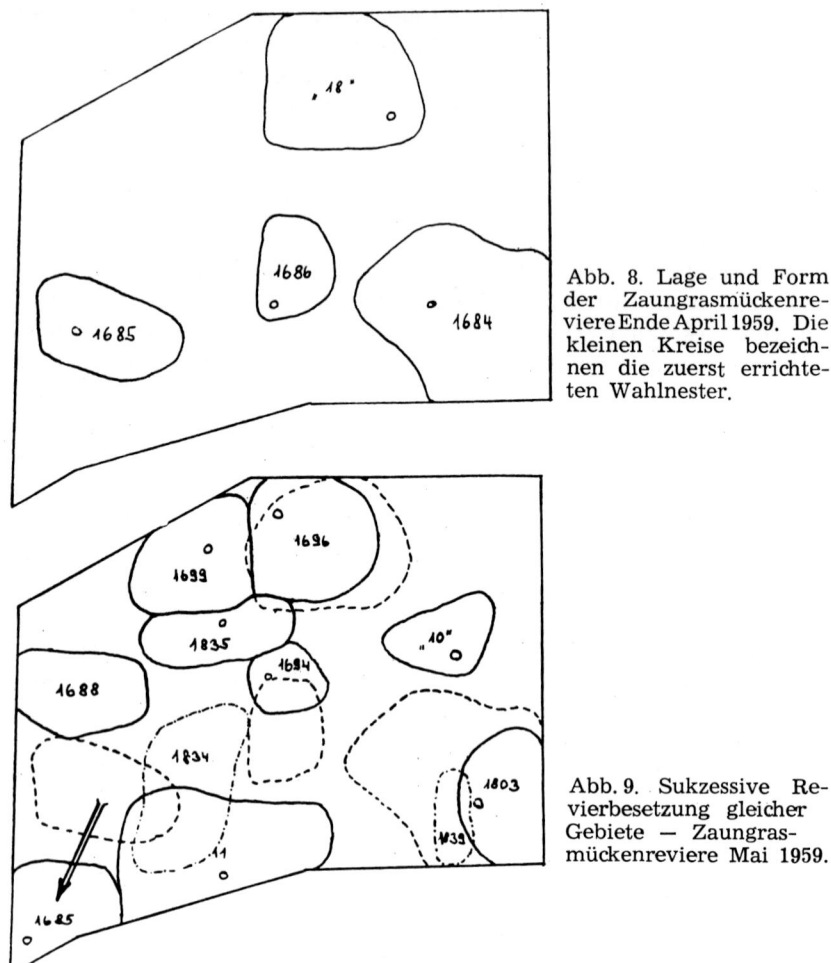

Abb. 8. Lage und Form der Zaungrasmückenreviere Ende April 1959. Die kleinen Kreise bezeichnen die zuerst errichteten Wahlnester.

Abb. 9. Sukzessive Revierbesetzung gleicher Gebiete — Zaungrasmückenreviere Mai 1959.

ausgezogenen Linien zeigen die z. Z. markierten Reviere, die gestrichelten Linien stellen die ersten Reviere dar. Sie können von den Revieren der noch später ankommenden ♂♂ nochmals überschritten werden (Strich-Punkt-Linien). Man sieht daher manchmal Paare auf engem Raum, ohne daß die Vögel weiter voneinander Notiz nehmen.

Zur absoluten Größe der Territorien sei angeführt, daß beispielsweise das Revier von 1803 in Abb. 9 etwa 5000 qm, das von 1686 in Abb. 8

3200 qm und von 1684 18 000 qm umfaßt. In den einzelnen Biotopen waren wesentliche Größenunterschiede nicht festzustellen.

Die Grenzen werden häufig von natürlichen Einschnitten im Gelände gebildet. In erster Linie sind diese durch Unterschiede in Höhe und Dichte der Baum- und Strauchschicht gegeben. Nicht als solche Grenzlinien sind z. B. Wege anzusehen; sie werden ohne weiteres überschritten.

Wenn auch die einzelnen Angaben über das Revier für die Zaungrasmücke gemacht wurden, so gelten doch alle diese Feststellungen mit für die D o r n g r a s m ü c k e. Größenunterschiede und Doppelbesetzung infolge Einstellung der Reviermarkierung findet man bei ihren Revieren genauso. Durch die Wahl der Beobachtungsgebiete ergab es sich hier lediglich, daß die Reviere langgestreckt und schmal waren und sich so schlechter für die Darstellung eigneten. Auch größenmäßig entsprechen sie denen der Zaungrasmücke, so daß ein Vergleich sich in diesem Fall auf die Feststellung gleichartigen Verhaltens beschränken muß.

Die Reviere erfüllen sämtliche ihnen bisher von der Theorie zugesprochenen Funktionen. Das gesamte Leben der Vögel mit allen seinen Äußerungen ist auf dieses relativ kleine Gebiet beschränkt. Es wird erst nach dem Flüggewerden der Jungen von der ganzen Familie verlassen, zu einer Zeit also, wo schon das Brutgebiet überhaupt verlassen wird. Lediglich in Ausnahmefällen bemerkt man umherstreifende Vögel. Selbst gröbste Störungen durch den Menschen führen nur selten zu einem Aufgeben des Territoriums. Meist wird es in solchen Fällen nur etwas nach einer Seite verschoben. Ein Beispiel dafür ist das Revier von 1685 in Abb. 9.

So finden Nahrungssuche, Paarbildung, Nestbau und Futterbeschaffung für die Jungen in ihm statt. Infolge der Doppelbesetzung ist der Zweck der Revierbildung aber noch unklarer als bei anderen Vögeln, da sämtliche bekannten Zweckbestrebungen auf der Isolation der einzelnen Paare beruhen und so hier nicht zutreffen können. Besonders die von T i n b e r g e n angenommene Funktion der Sicherung der Nestlingsernährung scheidet dadurch aus. Oder sollte dieser Zustand der Doppelbesetzung bei beiden Arten als sekundär anzusehen sein, so daß die ursprünglichen Funktionen hier gar nicht mehr erfüllt werden sollen?

Bezieht man den Begriff des Reviers dagegen nur auf einzelne Funktionskreise, wie man es u. a. bei T e m b r o c k 1956 findet, so sind die Reviere bei beiden Arten als B a l z reviere anzusehen. Dadurch umgeht man alle Schwierigkeiten bei ihrer Deutung.

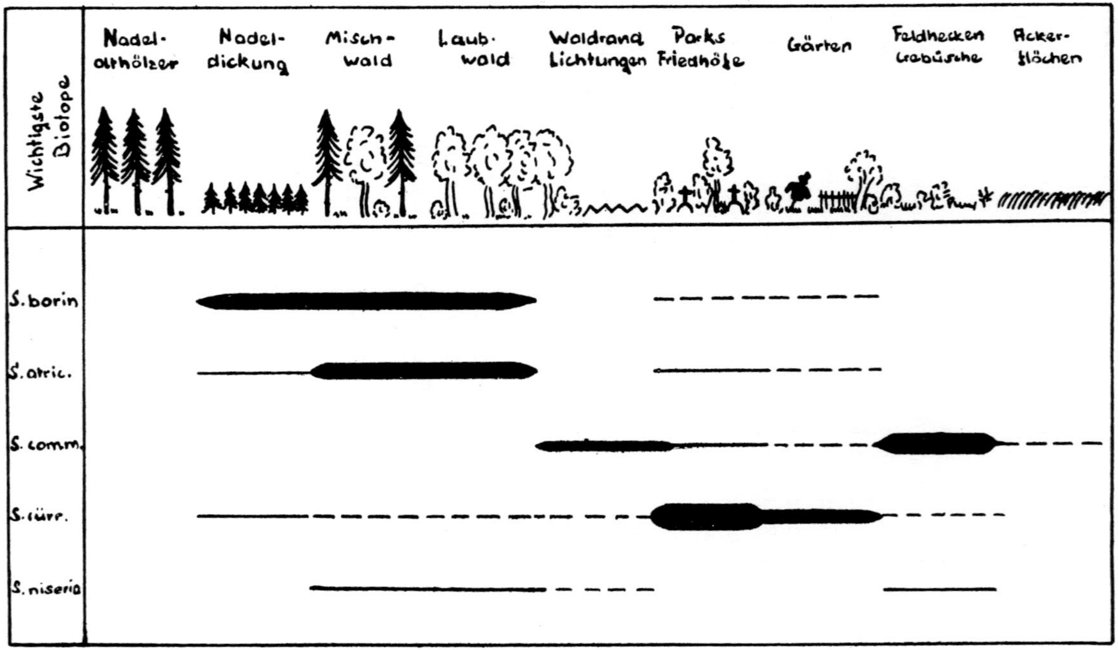

Abb. 10. Biotopwahl der heimischen Grasmücken, zusammengestellt nach Literaturangaben und eigenen Beobachtungen.

## Biotop und Siedlungsdichte

Haben die ♂♂ ihre Reviere besetzt und singen ausdauernd, dann werden die Unterschiede in der Wahl des Biotops bei beiden Arten auch ohne spezielle quantitative Erfassungen recht deutlich. Es zeigt sich, daß sie zwar in einigen Biotopen gemeinsam vorkommen, das Maximum der Besiedlung jedoch in sich deutlich unterscheidenden Gebieten liegt. Dabei ist die Art der Vegetation, ihre Höhe, Dichte usw. besonders wesentlich. Die Besiedelung verschiedener ökologischer Nischen wird dabei in erster Linie durch den Faktor „Neststandort" bedingt, der die Vögel zum Aufsuchen unterschiedlicher Biotope veranlaßt.

Trotzdem darf man natürlich nicht von einer Bedingtheit der Biotopwahl vom Verhalten her ausgehen, sondern von der Annahme, daß Besiedlung bestimmter Biotope und Ausbildung arteigenen, auf das Leben in diesem Biotop abgestimmten Verhaltens sich stammesgeschichtlich Hand in Hand entwickelt haben und sich so g e g e n s e i t i g bedingen (z. B. Balzflug der Dorngrasmücke im o f f e n e n Gelände). Alle Beweggründe sind über die angeborenen auslösenden Mechanismen mit dem Verhaltensrepertoire der Art gekoppelt, wobei ein kompliziertes Zusammenspiel morphologischer, physiologischer und psychologischer Faktoren diesen Komplex recht unübersichtlich macht. — Über den Neststandort werden noch einige Worte gesagt, die Faktoren Nahrung und Nahrungswahl scheinen bei den untersuchten Angehörigen der Gattung mehr sekundärer Natur zu sein.

Die physikalischen Faktoren, wie Temperatur, Feuchtigkeit, Sonneneinstrahlung, wirken innerhalb des Areals nicht direkt, sondern sind für die Entwicklung der Vegetation, die den vorrangig wirksamen und ausschlaggebenden Faktor darstellt, von Bedeutung. In der heutigen Kulturlandschaft ist der Einfluß des Menschen aber weitaus größer.

Die wichtigsten für Grasmücken in Frage kommenden Biotope sind in einem Schema (Abb. 10) zusammengefaßt und die Besiedelung durch die einzelnen Arten graphisch dargestellt.

Es zeigt sich, daß Z a u n - und D o r n g r a s m ü c k e in erster Linie Vögel offeneren Geländes sind im Gegensatz zu den geschlossenen Wald bevorzugenden Arten Garten- und Mönchsgrasmücke (bei ersterer ganz im Gegensatz zu ihrem deutschen Namen Gartengrasmücke!). Voraussetzung wie bei den anderen Arten auch ( N i e b u h r 1948) ist das Vorhandensein strauchiger Pflanzen (Gebüschvögel), im Wald in Form des Unterholzes, in Parks und Gärten als Zier- und Beerensträucher, Hecken usw. und im freien Gelände als Feldhecken und als Gebüsche an

Straßenrändern. Die geringste Bindung daran zeigt die D o r n g r a s - m ü c k e, die nach S t e i n f a t t 1940 sich in der „Entwicklung zum Feldvogel" befindet. Hierfür spricht seiner Ansicht nach neben dem Balzflug besonders die Möglichkeit der Anlage des Nestes in krautigen Pflanzen unter Verzicht auf jegliches Gesträuch. Soweit singende ♂♂ auf Anbauflächen von Kulturpflanzen (z. B. in Gemengefeldern, auf Raps- und Roggenschlägen) beobachtet werden konnten, befanden sich doch in unmittelbarer Nähe stets einige Büsche oder Bäume, von denen zeitweise ihr Gesang ertönte. Die Möglichkeit, sich völlig davon zu lösen, scheint also doch (noch?) nicht zu bestehen. Auch B r i n k m a n n 1933 rechnet sie aber schon zu den Feldvögeln.

Den Wald besiedelt die Dorngrasmücke nur, wenn Lichtungen, Kahlschläge, lückige Schonungen und andere freie Flächen mit dichtem Bewuchs von höherem Gras, Himbeeren usw. vorhanden sind. Etwa in diese Gruppe hinein fallen auch Parks und Friedhöfe, die in geringerer Dichte besetzt werden. Im Altholz, auch wenn es viel Unterholz enthält, findet man sie nie. Genaue, ökologisch hochinteressante Angaben über die Besiedelung einer Trockenrasen-Kiefernwald-Sukzession gibt L a c k (angeführt von T i s c h l e r 1955), der das Maximum der Besiedelung im 8jährigen Bestand fand.

Die Z a u n g r a s m ü c k e zieht lockere Bestände mit alten Bäumen allen anderen Waldtypen vor, obwohl sie nach Literaturangaben noch häufiger in Nadelholzdickungen zu finden sein soll.

Während der D o r n g r a s m ü c k e die Nähe menschlicher Siedlungen nicht besonders zusagt, ist die Z a u n g r a s m ü c k e hier stets in weitaus größerer Anzahl zu finden als in den von diesen entfernten Gebieten. So findet man sie am häufigsten auf Friedhöfen, in Parks und Gärten. Bei den sich an Landstraßen findenden Nestern der Dorngrasmücke stört allerdings auch starker Verkehr kaum die brütenden Vögel (Abb. 2).

Interessant ist ein Hinweis von L e e g e in G r o e b b e l s 1938, wonach auf den ostfriesischen Inseln die Zaungrasmücke die Dorngrasmücke verdrängt. Dabei wurde wohl stillschweigend vorausgesetzt, daß sich der Biotop nicht veränderte. In Zusammenhang mit der fortschreitenden Einflußnahme des Menschen auf die Gestaltung der Landschaft und dem damit verbundenen Streben nach Begradigung, Planierung und Rodung wird nach dem Gesagten der Lebensraum der Dorngrasmücke immer mehr eingeschränkt, während der der Zaungrasmücke zunimmt.

Als häufigste Vögel in dem von der D o r n g r a s m ü c k e vorgezogenen Gelände, gewissermaßen als Charakterarten, traten im Beobachtungsgebiet Goldammer, *Emberiza citrinella* L., Grauammer, *Emberiza calandra* L. (diese nur im offenen Feld) und in geringerer Zahl auch der Rotrückenwürger, *Lanius collurio* L. auf.

Zahlenmäßig am stärksten vertretene Vögel auf den Friedhöfen als den für die Z a u n g r a s m ü c k e die besten Bedingungen bietenden Gebiete waren Grünfink, *Carduelis chloris* (L.), Rothänfling, *Carduelis cannabina* (L.) und Amsel, *Turdus merula* L.

Der Plan, eine tabellarische Zusammenstellung der Siedlungsdichten in verschiedenen Biotopen aus den in den letzten 20 Jahren häufiger erschienenen Arbeiten über quantitative Bestandserfassungen (z. B. S c h i e r m a n n 1930, S t e i n b a c h e r 1942, N i e b u h r 1948) zu bringen, mußte aufgegeben werden. Diese Angaben sind nur selten oder gar nicht vergleichbar. Es wäre äußerst wünschenswert, daß sich in Zukunft bei diesen Aufnahmen eine einheitliche Methode durchsetzt, um auch Vergleichsmöglichkeiten in einem größeren Rahmen zu schaffen. Dazu sei eine Bemerkung von B a l o g h 1958 angeführt, die nur unterstrichen werden kann: „... unerläßliche Vorbedingung für jede quantitativ ausgerichtete Untersuchung ist, ... was sehr wichtig ist, aber leider nur allzu oft übersehen wird, die Kenntnis der Ethologie der Arten". So ergibt es sich auch, daß die Bestandserfassung durch Zählung der singenden ♂♂ bei beiden Arten nach dem über das Revier Gesagten nicht als zuverlässig anzusehen ist.

### Paarbildung und Nestbau

Schon kurze Zeit, nachdem die ersten ♂♂ das Brutgebiet erreicht haben und oft noch bevor die ♀♀ eintreffen, beginnen einzelne Z a u n - g r a s m ü c k e n - ♂♂ in ihrem Revier Nestmaterial zu sammeln und an geeigneten Stellen mit dem Bau von Nestern zu beginnen. 1958 konnte dies bei einem einzelnen Vogel schon am 2. Mai beobachtet werden, nachdem die Ankunft am 30. April erfolgt war. Die Besetzung des Revieres und seine Abgrenzung gegenüber den anderen ♂♂ ist in diesem kurzen Zeitraum bereits erfolgt. In der Mehrzahl der Fälle setzt der Nestbaubetrieb etwa eine Woche nach der Ankunft ein, bei der D o r n - g r a s m ü c k e beginnen die ♂♂ nach guten 10 Tagen mit dem Nestbau. Etwa 10—14 Tage nach der Ankunft kann man damit rechnen, die ersten fertigen Zaungrasmückennester, die allerdings lange nicht alle als Brutnester Verwendung finden, zu entdecken, die ersten Dorngrasmückennester dann knappe drei Wochen nach der Ankunft.

Die den Nestbau auslösenden Faktoren sind als innere, physiologisch bedingte anzusehen. Bei den ♀♀ sollen sie sich nach H e i n r o t h 1938 aus dem Herannahen der Eireife (funktionelle Entwicklung des Ovars über eine bestimmte Stufe) ergeben, bei den bauenden ♂♂ müßte man sie entsprechend als von der Aktivierung der männlichen Keimdrüsen, der Hoden, abhängig annehmen. Äußere Reize scheinen nicht oder nur in geringem Maße Einfluß zu haben (K u u s i s t o 1941). Im Gegensatz dazu stehen die schon erwähnten Feststellungen von S t e i n b a c h e r 1942.

Bei aufmerksamer Beobachtung der ♂♂ kann man, so man Glück oder die nötige Zeit hat, ein bestimmtes ♂ während der ganzen Periode unter ständiger Kontrolle zu halten, feststellen, wie bei dem Durchstreifen der Büsche das ♂ die Stelle, an der es sein Nest errichten wird, immer wieder aufsucht. Es markiert sie durch Bewegungen, die man als Intentionsbewegungen des Brütens erklären kann. D e c k e r t 1955 beschreibt, wie ein Z a u n g r a s m ü c k e n - ♂ mehrmals in einem Busch, der später das Nest enthält, erscheint und dabei die Klapperstrophe singt. „Es setzte sich dann für einige Sekunden mit hochgestelltem Schwanz und etwas erhobenem Schnabel in einen von Ranken des Knöterichs gebildeten Trichter und sang auch hierbei wieder die Klapperstrophe. Dabei nahm es die Haltung eines brütenden Vogels ein." Zu dieser Stelle, kehrte der Vogel immer wieder zurück, er begann noch am gleichen Tage mit dem Sammeln von Nistmaterial und errichtete in dem erwähnten Trichter die ersten Anfänge seines Nestes.

Die nun folgenden, instinktiv gesteuerten Handlungskomplexe, die zum Entstehen des Nestes führen, lassen sich in eine Reihe gut abgrenzbarer Einzelbewegungen zerlegen, die in einer bestimmten (mehr oder minder starren) Reihenfolge gekoppelt sind.

Diese „Biotechniken" (G r o e b b e l s) hat D e c k e r t 1955 für die Z a u n g r a s m ü c k e nach einer sehr genauen Durchbeobachtung eines bauenden Vogels ausführlich beschrieben. Eigene Beobachtungen stellen eine Bestätigung und Ergänzung dieser Angaben dar und ermöglichen, die Beschreibung auch auf die Dorngrasmücke auszuweiten. Die von D e c k e r t benutzten Begriffe für die einzelnen Phasen sind sehr treffend und werden in ihrem Sinne verwandt.

Die Beschäftigung des Bauens nimmt das ♂ fast den ganzen Tag in Anspruch. Hat es mit dem Material im Schnabel, das (mit Ausnahme von Spinnweben und Pflanzenwolle, welche in kleinen Ballen herangebracht werden) stets (?) einzeln transportiert wird, den Nestrand erreicht, so wird jenes an irgendeiner Stelle des Nestes abgelegt. Dabei beugt sich der Vogel mit dem Oberkörper so tief in die künftige Mulde, daß über deren Rand auf der gegenüberliegenden Seite nur der Schwanz steil emporragt. Darauf springt der Vogel hinein und nimmt die als E i n - k u s c h e l n bezeichnete Stellung ein. Er sitzt flach im Nest und preßt das vorher eingelegte Material dicht an das vorhandene an. Oft wird diese Stellung auch unmittelbar nach dem Erscheinen eingenommen und der mitgebrachte Halm, das Würzelchen usw. auf den Rand des Nestes abgelegt. Das Einkuscheln ist eine obligatorische Bewegung, nie wird von außen, etwa von einem Nestzweig aus, gebaut.

Um das eingelegte Material innig mit dem bereits vorhandenen zu verbinden, schließen sich die Bewegungen des Z u p f e n s und des S t r a m p e l n s an. Beim Zupfen werden die herausragenden Enden der einzelnen Stoffe mit dem Schnabel an den Körper herangezogen und an einer anderen Stelle in die im Bau befindliche Wand hineingesteckt. Dabei bleibt der Vogel in der beim Einkuscheln eingenommenen Stellung sitzen und wendet nur den Kopf nach allen Seiten. Das beim Zupfen erfaßte Material ist aber nicht mit dem beim gleichen Besuch vorher abgelegten identisch. Es kam vor, daß direkt neben dem Nest stehende trockene Grashalme, die also nicht vorher herbeigebracht worden waren, so behandelt wurden. Offensichtlich war dem Vogel die Unterscheidung von losem, herantransportiertem Material nicht möglich. Zusammen mit der von D e c k e r t mitgeteilten Beobachtung, daß der Vogel manchmal gar keinen Niststoff zu fassen bekam, die beschriebenen Bewegungen jedoch in genau der gleichen Weise ausführte, zeigt dies, in welch engem, durch die Stereotypie der zentralnervösen Mechanismen gebildeten Rahmen auch diese Handlungen ablaufen.

Um Gespinste, meist tierischer, selten pflanzlicher Herkunft (bei der Dorngrasmücke umgekehrt) mit den übrigen Stoffen zu verbinden, wird eine sich deutlich von den übrigen unterscheidende Bewegung angewandt, die als W e b e n bezeichnet werden soll. Besonders im Stadium der Fertigstellung des Nestes, in dem fast nur noch Gewebe verarbeitet werden (u. U. zusammen mit Tierhaaren, die für die Polsterung und Glättung der Mulde bestimmt sind), tritt es auf. Das Weben ist durch schnelle zitternde Bewegungen, die der Vogel mit dem Kopf ausführt, charakterisiert. Er fährt mit dem Gewebeklumpen im Schnabel, der vorher nicht abgelegt wurde, entlang der Wände und über den Rand des Nestes und legt so die einzelnen, sich dabei herausziehenden Fäden fest. In seltenen Fällen werden auch dünne Würzelchen so befestigt. Indem der Vogel um die tragenden Zweige herumgreift, dient das Weben der innigen Befestigung mit denselben. Die Verarbeitung eines solchen

Klumpens kann eine recht lange Zeit in Anspruch nehmen, es wurden manchmal bis zu 5 Minuten dazu benötigt. Zwischendurch wird immer wieder gestrampelt, wobei der Vogel sich ständig im Nest dreht.

Daß dieses Weben als spezielle Bewegung zum Festlegen von Spinnfäden (und Pflanzenwolle) keine Einzelerscheinung bei den zwei Arten ist, beweisen u. a. die Feststellungen von M o l l 1955 am Nest des zur gleichen Familie gehörenden Teichrohrsängers, wo sie als „Zitterbewegungen" beschrieben werden. Bei dieser Art werden die Spinnweben hauptsächlich dazu benutzt, den Bau mit den tragenden Halmen zu verbinden.

Das S t r a m p e l n ist die am schwersten erkennbare Bewegung beim Bau des Nestes. Dabei drückt der Vogel die Brust gegen den inneren Rand, senkt den Schwanz bis zur Horizontale und drückt ihn von oben auf den Rand. Lateral werden die Flügel etwas abgespreizt; sie liegen besonders an ihrem Bug ebenfalls dem Innenrand an, so daß dieser auf der größtmöglichen Fläche vom Körper des Vogels berührt wird. Dann bewegt der Vogel in schneller Folge beide Beine abwechselnd auf dem Boden des Nestes vor und zurück. Nach D e c k e r t führt dabei jedes Bein etwa 7 Bewegungen pro Sekunde aus, bei denen der Körper natürlich ebenfalls mitgeht. Sie hat also ganz recht, wenn sie sagt: „. . . es entsteht der Eindruck, der Vogel zittere am ganzen Körper, und es bedarf genauen Hinsehens, um zu erkennen, daß er strampelt". Ist die Wand bereits dicht und so geschlossen, daß man nicht mehr hindurchsehen kann, ist es kaum noch möglich, das Strampeln als solches zu erkennen.

Während der einzelnen ausgeführten Phasen dreht sich der Vogel ständig. Dadurch werden alle Seiten des Nestes in gleicher Weise bearbeitet. Durch das Vorspreizen der Brust und der Flügelbuge wird die Mulde dabei erweitert; sie ist größer als der Platz, den der sitzende Vogel beanspruchen würde. Gleichzeitig werden die einzelnen Halme zusammengepreßt und die Innenwände des Nestes geglättet. Die strampelnden Füße drücken das Bodenmaterial zusammen und führen durch Hochkratzen von Niststoffen zur Verstärkung des Nestrandes. Als Abschluß der Strampelphase rückt der Vogel jetzt nach hinten, dabei den Schwanz steil nach oben stellend. Er hat dann Platz vor sich, um weiter zu weben oder zu zupfen. Oft folgt dann aber auch der Abflug.

Während das Einkuscheln und Zupfen bzw. Weben bei jedem Besuch erfolgen, kann das Strampeln ausgelassen werden. Es häuft sich jedoch mit dem Dichterwerden der Nestwände und wird gegen Ende des Nestbaues bei jedem Besuch ausgeführt, bei längerem Aufenthalt im Nest häufig dann ein paarmal wiederholt.

Wie an und für sich nicht anders zu erwarten, treten grundsätzlich diese Bewegungen in der gleichen Reihenfolge auch bei der D o r n - g r a s m ü c k e auf, sie sind nur in verschiedener Hinsicht geringfügig modifiziert.

Das Einkuscheln und das Zupfen werden in der gleichen Weise ausgeführt wie bei der Zaungrasmücke. Das Weben jedoch ist nicht so ausgeprägt, zurückzuführen wohl auf den erheblich größeren Anteil von kurzfaseriger Pflanzenwolle unter dem zum Weben gebrauchten Material, das diese Bewegung in dem bei der anderen Art vorhandenen Sinn gar nicht ermöglicht. Es kommt hier lediglich zu einem Verteilen der einzelnen Fasern entlang der Wand des Nestes in wechselnder Richtung. Die wenigen Spinnweben werden jedoch genau in der gleichen Art wie bei der Zaungrasmücke verarbeitet, so daß auch hier die Bezeichnung dieser Bewegung als ‚Weben' gerechtfertigt ist. Das häufig ausgeführte Strampeln ist gegen Ende des Nestbaues undeutlicher als bei der Zaungrasmücke infolge der hier vorhandenen tiefen Mulde. Der Vogel ist dadurch schlechter sichtbar, auch wird der Schwanz nicht so waagerecht auf den Nestrand gedrückt.

Das so durch die alleinige Arbeit des ♂ in meist drei Tagen entstandene Nest läßt bei beiden Arten alle Merkmale eines Grasmückennestes gut erkennen. Der Unterschied zu den zur Brut benutzten besteht nur darin, daß eine Auspolsterung der Mulde durch feine Würzelchen, Pferdehaare usw. fehlt, auch sind die einzelnen Niststoffe nicht so miteinander verwebt wie bei Brutnestern. Diese Merkmale sind draußen jedoch kaum deutlich zu erkennen, so daß eine Entscheidung, ob es sich bei dem gefundenen um ein nur vom ♂ errichtetes oder um ein noch leeres Brutnest handelt, nur selten möglich ist. Gerade begonnene oder halbfertige Nester, an denen nicht mehr gebaut wird, sind infolge sehr starker Störungen verlassen worden.

Hat das ♂ das Nest soweit fertiggestellt, ohne daß sich ihm ein ♀ zugesellte, beginnt es anschließend mit dem Bau eines neuen. Ist der Nestbautrieb genügend stark (d. h. während und kurz nach der normalen Zeit des Nestbaues), erfolgt dies umgehend, ohne daß eine Pause eintritt. Der Trieb dazu erlischt erst dann, wenn ein ♀ zur Beendigung des Baues beiträgt und das Nest zur Brut benutzt wird. Unverpaarte D o r n - g r a s m ü c k e n - ♂ ♂, bei denen ein solcher Abschluß des Triebablaufes fehlt, fahren damit bis in den Monat Juli hinein fort.

Das Vorhandensein mehrerer Nester innerhalb eines kleinen Raumes (bei der Dorngrasmücke stehen sie mitunter nur in Abständen von 1—2 m) fiel natürlich schon den alten Beobachtern auf. Z a n d e r 1837 schreibt über die D o r n g r a s m ü c k e : „Sonderbar ist es, daß der Vogel oft mehrere Nester zu bauen beginnt, bevor er eins vollendet. Ob ihm die Stelle immer noch nicht bequem genug erscheint, oder ob er beim Baue gestört wird — denn Störungen am Nest kann er wegen seines Mißtrauens nicht gut vertragen —, oder aus welchem Grunde er das tut, ist schwer zu sagen." — In der Literatur findet man bei einzelnen Arten der Gattung die Angabe, sie baue „Spielnester", „Singnester" oder, wie die Engländer sagen, "false nests" (unechte Nester) oder "cocknests" (Männchennester). Die verschiedenen Begriffe werden dabei alle für die gleiche Erscheinung gebraucht. Eine genaue Definition wird m. W. nie gegeben. Gegenüber den Ansichten der alten Beobachter wurde jedoch erkannt, daß keineswegs nur Störungen oder ähnliche äußere Einflüsse zu dieser Erscheinung führen, sondern lediglich das Ablaufen des Nestbautriebes nicht sogleich nach Fertigstellung eines Nestes durch das Erscheinen des ♀ und durch die Bildung des Paares beendet wird.

Die Feststellung, daß Störungen während des Baues ohne wesentlichen Einfluß sind, muß in einem Fall eingeschränkt werden. Treten Störungen während der Besichtigung durch das ♀ auf, wird das Nest in den meisten Fällen nicht angenommen. Neben eigenen Beobachtungen kann man dies auch aus der Arbeit von D e c k e r t 1955 herausdeuten.

Durchaus nicht einheitlich sind die Auffassungen über das Auftreten der „Männchen-Nester" innerhalb der Gattung. G r o e b b e l s 1937 meint: „Für die Sylvien ist das Kapitel Spielnester noch nicht ganz geklärt, ungepaarte ♂ ♂ von *Sylvia communis* sollen Spielnester bauen." N i e t h a m m e r , ebenfalls 1937, unterscheidet für diesen Punkt die einzelnen Arten nicht, sondern weist noch auf die Ähnlichkeit des Verhaltens hin. M a k a t s c h 1950 führt Spielnester für *Sylvia borin, communis* und *curruca* an. W i t h e r b y 1952 gibt das Vorkommen von "cock-nests" für die Gartengrasmücke an, B a n n e r m a n 1954 meint, daß *Sylvia borin* eine der Arten ist, die ohne Frage gelegentlich ein unechtes Nest bauen. Nach D i e s e l h o r s t (in litt.) gibt es Spielnester als geläufig bei der Gartengrasmücke, bei der Dorngrasmücke sollen sie in der Regel fehlen. Er schreibt aber ausdrücklich, daß es auf die genaue Definition des Begriffes ankomme.

Um zu einer einheitlichen Beurteilung des Komplexes beizutragen, sei daher vorgeschlagen: Der Begriff „Spielnester" wird gebraucht für Nester, die beim Ablauf eines Triebes entstehen, der in seiner derzeitigen Form nicht auf die Fortpflanzung gerichtet ist, d. h. ohne daß Aussicht besteht, in dem Nest eine Brut aufzuziehen. Sie haben sich stammesgeschichtlich natürlich aus solchen entwickelt. Die von den Zaun- und Dorngrasmücken-♂ ♂ errichteten Nester fallen nicht darunter und sollten nicht so bezeichnet werden.

Der Begriff „Singnest" in diesem Zusammenhang wird abgelehnt, da die ♂ ♂ offenbar aller *Sylvia*-Arten auch im endgültigen (Brutnest) singen und diese Tatsache daher nicht eigentümlich für das nur von ihnen errichtete Nest ist.

Der Begriff „unechtes Nest" (false nest) zeigt zwar gut den Unterschied zum echten, nämlich dem Brutnest, sagt aber nichts über seinen wirklichen Charakter aus.

Am annehmbarsten ist der englische Begriff "cock-nest", doch scheint seine deutsche Übersetzung etwas ungebräuchlich. Für diese allein vom ♂ vor der Paarbildung errichteten Nester wird der Name W a h l n e s t vorgeschlagen, da das ♀ unter ihnen eine gewisse Auswahl trifft. Das von ihm erwählte Nest, das durch sein Mitbauen dann die endgültige Gestalt erhält, wird zum Brutnest und zum Ort der Aufzucht der Nachkommen, während die anderen jetzt funktionslos sind.

Während der gesamten Bautätigkeit singt das ♂ sehr fleißig. Es erleichtert das Auffinden des künftigen Nestes so dem erwarteten ♀ wie auch unbeabsichtigt dem Beobachter. Unterstützt wird dies noch dadurch, daß der Vogel schon jetzt zum Erreichen und Verlassen des Nestes bzw. dessen Anfanges einen bestimmten Weg bevorzugt. Im Gegensatz zu den bei der Brutablösung und während der Dauer der Nestlingszeit benutzten wird dieser während des Bauens jedoch so gewählt, daß der Vogel Gelegenheit zur „Schaustellung" erhält. Er fliegt dabei einen in unmittelbarer Nestnähe vorhandenen Baum oder Strauch an, wobei diese Zwischenstation deutlich aus der Umgebung herausragt. In einem Falle wurde beispielsweise eine in ca. 3 m Entfernung vom Nest stehende junge (zu der betreffenden Zeit noch unbelaubte) Birke besonders beim Wege vom Nest vom Zaungrasmücken-♂ regelmäßig angeflogen, die inmitten der sie umgebenden Hecken recht auffällig war. Das ♂ singt sowohl auf dem Wege zum Nest — trotz des im Schnabel gehaltenen Materials — als auch beim Abflug oft hintereinander. Auch während seines Aufenthaltes im Nest hört man es oft, ohne daß der Gesang an eine bestimmte Bauphase gebunden ist. Dabei wird von der Z a u n g r a s m ü c k e vorwiegend die Klapperstrophe gebracht, nur selten wird man den leisen Vorgesang vernehmen. Bei der D o r n g r a s m ü c k e hört man die normale Strophe. Zwischen den einzelnen Nestbesuchen werden dazu noch die weithin sichtbaren Balzflüge ausgeführt. So werden optische und akustische Signale gegeben, die den im Abschnitt „Revier" besprochenen funktionell entsprechen. Ihre Häufung an einer bestimmten Stelle des Revieres macht sie noch auffallender und läßt sie noch besser zur Lösung des für das ♂ jetzt besonders aktuellen Problems der Werbung eines ♀ geeignet erscheinen.

Um die stammesgeschichtliche Herausbildung verschiedener Arten aus einer gemeinsamen Form zu verstehen, müssen sich auch bei nahe verwandten Arten im Verhaltenskomplex der Verpaarung sich deutlich unterscheidende Verhaltensweisen finden. Da sich die beschriebenen Arten, abgesehen von einigen Modifikationen, hier völlig gleichen, muß die verschiedene Form des Gesanges als wichtigste Verhaltensdifferenz angesehen werden. Bei der großen Rolle des Gesanges dürfte die Wirksamkeit als differierendes Merkmal groß genug sein, um zuverlässig eine Bildung gemischter Paare und das Auftreten von Bastarden zu verhindern. — Mit nur einem differierenden Merkmal haben sich die Verhaltensweisen also noch nicht weit auseinander entwickelt.

Bei der Einhaltung bestimmter Wege zum Nest kann evtl. auch das Orientierungsproblem eine Rolle spielen. Wird das Baumaterial in unmittelbarer Nähe des Nestes gesammelt (was allerdings nicht oft vorkommt, da diese Quellen ja beschränkt und bald erschöpft sind), so fliegt der Vogel direkt das Nest bzw. die Nestzweige an. Kommt er jedoch aus größerer Entfernung, wird erst die auffällige Zwischenstation angesteuert, auch wenn er dabei schräg am Nest vorbeifliegt (Fernorientierung), von dort aus wird nach kurzem Aufenthalt gerichtet das Nest aufgesucht (Nahorientierung). Auch beim Abflug tritt erst wieder eine Fernorientierung von dieser Warte aus ein. — Wieweit bei der späteren Bevorzugung unauffälliger Wege neben der biologischen Notwendigkeit („Geheimhaltung des Nestes") auch das Lernvermögen für die optischen Merkmale der Umgebung mitspielt, bleibt offen.

Während das ♂ so mit dem Bau beschäftigt ist und seine Bereitschaft zur Verpaarung durch Gesang ausdrückt, erscheint eines Tages in den Morgen- oder frühen Vormittagsstunden ein ♀ in der Nähe des Nestes, womit das Verhältnis ♂ zu ♀ in ein neues Stadium tritt. Oft hat das ♂ bis dahin schon mehrere (in einem beobachteten Fall bei der D o r n - g r a s m ü c k e bereits vier) Nester fertiggestellt.

Das durch das Erscheinen des ♀ hervorgerufene Verhalten des ♂ ist bei beiden Arten bekannt, „Zustimmung" des ♀, Begattung usw. fanden jedoch nicht in der unmittelbaren Nähe der beobachteten Nester statt und entgingen so der Beobachtung. Auch der Literatur ist darüber nichts zu entnehmen.

Sobald der bauende Vogel die Anwesenheit des ♀ bemerkt, läßt sein Bautrieb momentan stark nach, und er bemüht sich, das ♀ zum Nest zu locken. Das Z a u n g r a s m ü c k e n - ♂ läßt jetzt nicht mehr ausschießlich die Klapperstrophe hören, sondern bringt auch den leisen „Vorgesang". Es fliegt vor dem ♀ zum Nest. Dieses folgt, unruhig im Gebüsch hin- und herschlüpfend. Oft bedarf es mehrerer Ansätze, und es vergeht darüber einige Zeit, bis wirklich Nestnähe erreicht ist. Vor dem ♀ das Nest erreichend, setzt sich das ♂ in die Mulde. Es drückt sich förmlich hinein und ist fast nicht mehr zu sehen. Nur der Schwanz ragt steil empor. In dieser Stellung vollführt es sehr schnelle zitternde Bewegungen und singt. Diese Stellung wird so lange innebehalten, wie sich das ♀ in Nestnähe befindet. Dasselbe durchstreift inzwischen die unmittelbare Umgebung des Nestes, alles genau betrachtend. Es kommt manchmal auch direkt ans Nest, fliegt dann jedoch wieder ab. Das ♂ singt noch einmal und folgt ihm dann. In dem beobachteten Fall erscheint es nach etwa einer Viertelstunde wieder und baut mit größeren Abständen weiter. Am übernächsten Tag bauten beide Vögel an diesem Nest und waren somit als Paar anzusehen.

Das vom ♂ im Nest gezeigte Verhalten kann man wahrscheinlich als ritualisiertes Strampeln auffassen. Vom echten unterscheidet es sich durch tieferes Hineindrücken in die Mulde und durch das Bringen des leisen „Vorgesanges". Würde es glücken, ein Nest zu finden, bei dem die Besichtigung durch das ♀ schon zu einem sehr frühen Zeitpunkt erfolgt, so daß man durch die noch lückige Nestwand die Beinbewegungen erkennen könnte, wäre diese Frage eindeutig zu beantworten. Eine Deutung von Nestbauelementen her erscheint am wahrscheinlichsten, da sie auch bei vielen anderen Arten (z. B. *Passer domesticus*) zutrifft.

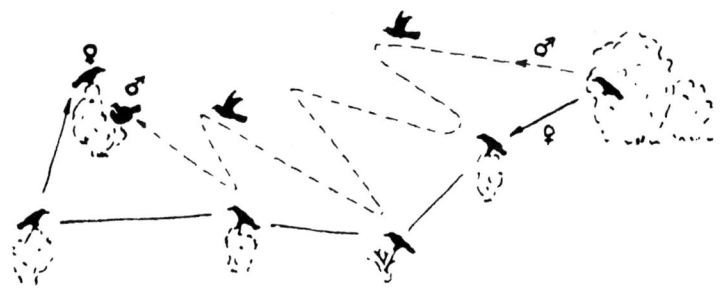

Abb. 11. Das Dorngrasmückenmännchen lockt ein Weibchen an sein Wahlnest.

Bei der D o r n g r a s m ü c k e ist das Ans-Nest-Locken des ♀ noch ausgeprägter. Das ♂ fliegt dem ♀ immer ein Stück voraus, kehrt dann in seine Nähe zurück und eilt anschließend gleich wieder voraus. Bei diesen kurzen Flügen singt es anhaltend. Neben dem normalen Gesang wird auch ein (hier von mir zum erstenmal gehörtes) schnell aufeinanderfolgendes *„dzidzidzi"* gebracht. W i t h e r b y 1952 erwähnt dabei, daß die ♂♂ beider Arten bei dieser Handlung Teile von trockenem Gras usw. aufpicken und umhertragen. Das Verhalten des Dorngrasmücken-♀ entspricht genau dem der anderen Art. Die Besichtigung beschränkt sich dabei nicht nur auf das vom ♂ gerade errichtete Nest, sondern es werden, falls das ♀ diesem nicht „zustimmt", auch die alten, früher erbauten Nester aufgesucht.

Nach Angaben von W e b e r (in litt.) findet bei Garten- und Mönchsgrasmücke im Anschluß an eine solche Besichtigung des Wahlnestes durch das ♀ oft eine Begattung statt, wobei deren Rolle für die Auswahl des Nestes als Brutnest unklar ist. Genau wie bei den besprochenen Arten fliegt das ♂ vor dem ♀ zum Nest und setzt sich hinein. Der schon vorher dauernd zu hörende Gesang wird hier weiter gebracht, dazu kommt ein schnelles Flügelzittern. Dieses kann dem erwähnten ritualisierten Strampeln entsprechen. Ist die Paarungsstimmung noch nicht genügend groß, wird sich die Besichtigung anderer Wahlnester anschließen. Bei Überschreiten eines bestimmten Schwellenwertes beim ♀, erreicht durch dauernden Gesang und ritualisiertes Strampeln (?), öffnet dieses den Schnabel und veranlaßt dadurch (?) das ♂ zum Verlassen des Nestes. Es nimmt selbst den Platz in der Mulde ein und wird hierin (!) begattet.

Bei der D o r n g r a s m ü c k e beobachtete S a u e r 1954 recht genau die Begattung. Danach findet sie ohne Zusammenhang mit den Wahlnestern irgendwo (meist im Zentrum) im Revier statt. An einen der schon in der Vorbalz häufiger ausgeführten symbolhaften Verfolgungsflüge des ♀ durch das ♂ schließt sich als Hauptbalz ein speziell vor der Begattung gezeigtes Verhalten an. Das ♂ stellt sich, meist auf der Erde, seltener auf einem Ast, vor das ♀, so daß beide Vögel sich gegenüber stehen. Es sträubt die Kopffedern und fächert die Flügel, dabei fortwährend leise singend. Währenddessen dreht es sich auf der Stelle, dem ♀ beide Seiten zeigend. Das paarungsbereite ♀ dreht sich zum ♂, lockert die Flügel und bewegt sie. etwas, duckt sich, worauf das weiterbalzende ♂ auf diese Aufforderung hin von hinten seitlich zu ihm hintrippelt und auf seinen Rücken springt. Jetzt erst, bei Berührung der Kloaken, endet der Gesang des ♂. Nach wenigen Sekunden bereits ist

Abb. 12. Zaungrasmückennest am Mittag des ersten Bautages. Bei einem derartig freien Standort würde aus dem Wahlnest nie ein Brutnest!

die Kopulation beendet. Als äußeres Zeichen dafür hackt das ♂ nach dem ♀, worauf dieses umgehend im Gebüsch verschwindet. Das ♂ fliegt auf einen Singplatz in der Nähe und bringt lauten Gesang zu Gehör, dann zwischen Singflügen und intensivem Gefiederputzen abwechselnd.

Ist bei beiden Vögeln bereits vor Beginn der Hauptbalz die entsprechende Stimmung stark genug, können die beschriebenen Handlungen stark gekürzt, z. T. sogar ganz ausgelassen werden.

Hat ein ♀ durch sein Verhalten die Bereitschaft ausgedrückt, an einem Wahlnest weiterzubauen, wird dieses zum Brutnest. Beide Partner setzen gemeinsam die Tätigkeit des Nestbaues fort. Es erfolgt noch eine Auspolsterung der Mulde und ein weiteres Verspinnen der einzelnen Niststoffe. Es geschieht unter Anwendung der gleichen Bewegungsweisen, wie sie bereits besprochen wurden und erfordert einen Zeitraum von etwa zwei Tagen. Im ganzen werden für die Errichtung des Brutnestes also 5 Tage benötigt, nicht, wie G r o e b b e l s 1937 angibt, 7 Tage. Um einen Eindruck von der Geschwindigkeit des Bauens zu geben, sei auf Abb. 12 verwiesen, die ein Zaungrasmückennest am Mittag des ersten Bautages zeigt.

Häufig kommt es vor, daß ein Partner bereits vom Sammelflug zurückkehrt, während der andere noch im Nest sitzt und Baubewegungen ausführt. Dabei kann folgendes Verhalten auftreten:

a) Der ankommende Vogel setzt sich auf den Nestrand, beugt sich etwas vor (Intentionsbewegung des „Ins-Nest-Gehens"), fliegt dann aber wieder ab. Tritt besonders auf, wenn die zum Suchen benötigte Zeit nur kurz war. Selten.

b) Der bauende Vogel erhebt sich, sobald der andere Partner auf dem Nestrand steht und sich vorbeugt, den Sitzenden oft berührend und ihn derart „hinausdrängend". Regelfall.

c) In selteneren Fällen bedarf es einer handfesteren Aufforderung, um den bauenden Partner zum Abflug zu veranlassen. Der auf dem Nestrand stehende Neuankömmling pickt dem bauenden Vogel einmal mit dem Schnabel auf den Rücken, worauf dieser sofort aufsteht und abfliegt.

Beide Vögel arbeiten jetzt etwa zu gleichen Teilen an der Fertigstellung des Nestes. Der Gesang des ♂, der vorher bei jedem Nestbesuch zu vernehmen war, erklingt nur noch in seltenen Fällen.

Die Intensität des Bauens, d. h. die Häufigkeit der Nestbesuche, ist sowohl beim allein bauenden ♂ wie bei der gemeinsamen Fortsetzung in den frühen Morgenstunden am größten. Mit dem Fortschreiten der Tageszeit werden die Pausen zwischen den Besuchen immer länger, gegen Abend erscheint nur noch gelegentlich ein bauender Vogel am Nest.

Der Einfluß der Witterung ist wohl nicht so erheblich, bei leichterem Regen wurde weiter gebaut.[1]) Ob Witterungseinfluß auf den Beginn der Bautätigkeit besteht, ist fraglich.

Das Material wird stets innerhalb des Revieres gesammelt. Wieweit sich der Vogel dabei vom Nest entfernt, hängt von dem jeweiligen Angebot an Niststoff ab. Spinnweben und Pflanzenwolle werden vorwiegend beim Durchstreifen des Gesträuchs aufgenommen. Zum Sammeln derberer Stoffe begibt sich der Vogel häufig auf den Erdboden, auf dem man ihn sonst nur selten sieht. Dort wird nicht nur loses Material aufgenommen, sondern auch noch festsitzende feine Würzelchen und Grashalme werden mit erheblicher Kraftanstrengung losgerissen, wobei der Vogel bei plötzlichem Nachgeben derselben oft hintenüber fällt, den Beobachter zu einem verständnisinnigen Lächeln veranlassend. Loses

---

[1]) Der Zaunkönig, *Troglodytes troglodytes* (L.), baut bei Regen besonders intensiv — A r m s t r o n g 1955.

wird von festsitzendem Material so erst durch Versuch und Irrtum unterschieden.

Daß beim jetzigen Stand der Dinge auch ein Abbau alter Wahlnester erfolgen kann, beweist eine Notiz vom 4. VII. 1958. Ein D o r n g r a s - m ü c k e n - ♀ erschien an einem Wahlnest, das es vorher zwar besichtigt, aber nicht erwählt hatte. Es zog und zerrte mit sichtlicher Anstrengung einen Halm aus dem Nestrand und flog damit ab. Auffallend war das Verhalten des Vogels, der sich, in anthropomorpher Formulierung, „zaudernd und vorsichtig" dabei benahm. Er schaute nach allen Seiten umher, bevor er ganz plötzlich mit dem Halm abflog. Unmittelbar danach erschien singend das ♂, ergriff ebenfalls einen Halm und flog damit ab. S e i n Verhalten enthielt keine außergewöhnlichen Momente. — Einige Male geschah es, daß bei einem späteren Besuch alte Wahlnester nicht mehr aufzufinden waren oder daß sich nur noch Reste von ihnen fanden. Ihr Abbau ist wahrscheinlich.

Einer Aufzählung von G r o e b b e l s 1937 ist zu entnehmen, daß bei einzelnen Paaren der nächsten verwandten Garten- und Mönchsgrasmücke der Nestbautrieb u. U. so schwach ist, daß sie alte (ihre eigenen ?) Nester mehrere, ja viele Jahre wiederbenutzen.

Die Verschiedenheit der ökologischen Ansprüche beider Arten äußert sich neben der Bevorzugung bestimmter Biotope und der Aufnahme qualitativ unterschiedlicher Nahrung besonders auch bei der Wahl des Standortes des Nestes als des für den Vogel in der Brutsaison wichtigsten Platzes im Biotop. Auch S u n d s t r ö m 1927 sieht „Lage und Physiognomie des Niststandortes" als einen der wichtigsten existenzökologischen Faktoren an. Der Standort muß Gelegenheit geben, das Nest in der arteigenen Weise errichten zu können, ein Verbergen des nicht besonders getarnten Nestes vor Luft- und Bodenfeinden ermöglichen und zum dritten den Besuch der Altvögel in unauffälliger Weise gestatten.

Für die deutlichen Unterschiede in der Standortwahl von Z a u n - g r a s m ü c k e und D o r n g r a s m ü c k e spielt in erster Linie die Möglichkeit zur Errichtung des Nestes in arteigener Weise eine Rolle. Dabei besteht deutlich eine Korrelation zu dem jeweilig von der Art bevorzugten Biotop in der Form, daß Bevorzugung eines bestimmten Biotopes und Errichtung des Nestes sich gegenseitig beeinflussen.

Die Z a u n g r a s m ü c k e benötigt als Unterlage für ihr Nest mehrere Zweige, da die Befestigung an denselben nur mangelhaft ist und das Nest praktisch zwischen ihnen eingeklemmt sein muß. Diese Voraussetzungen sind gegeben in Hecken, dichten Büschen u. dgl., wobei es sich jeweils um Pflanzen mit holziger Struktur der Zweige handelt. Die

Büsche müssen genügend dicht sein, um eine optische Wahrnehmung des Nestes zu erschweren. Eine Häufung solcher Stellen bieten Parks und Friedhöfe mit ihren Immergrünen, wie Buchsbaum (*Buxus sempervirens*), Lebensbaum (*Thuja occidentalis*), Eibe (*Taxus baccata*) und Fichte (*Picea abies*) in Heckenform. Von den sich später belaubenden Büschen sind es Stachelbeere (*Ribes uvacrispa*), Schlehdorn (*Prunus spinosa*), Weißdorn (*Crataegus* spec.), nach Literaturangaben weiter Brombeergestrüpp, Laubbüsche, Wacholder usw., die als Neststandorte in Frage kommen. — Wahlnester werden oft auch in weniger dichtem Gesträuch angelegt, von den ♀♀ aber scheinbar bei der Besichtigung dann abgelehnt. Gelege wurden in ihnen nie gefunden. Ein typisches Beispiel dafür ist der in Abb. 12 gezeigte Standort, den das ♂ für die Errichtung seines ersten Wahlnestes als geeignet ansah.

Ausführliche Angaben macht R o b i e n 1939.

Die D o r n g r a s m ü c k e ist viel weniger starr an derartige Voraussetzungen gebunden. Sie ist in der Lage, ihr Nest in dichten Beständen krautiger Pflanzen zu errichten, wobei in der Literatur häufig sogar von Bruten in Gemenge- und Rapsfeldern gesprochen wird. Man hat oft den Eindruck, das Nest sei in diese Kräuter nur „hineingestellt", jedoch werden Unterlagen stärkerer Pflanzenteile bevorzugt zur Anlage des Nestes verwandt. In dichtem Gras, in Nesseldickichten usw. fast verborgene Brombeerranken, lebende oder tote Teile holziger Sträucher, die nur mit ihren Spitzen etwas herausragen und von den bauenden Tieren als Zwischenstation beim An- und Abflug benutzt werden, sind solche erwünschten Plätze. Die nur im Gras stehenden Nester sind durch Umbauen von meist zwei Grashalmen locker befestigt. Daß die Dorngrasmücke nicht aus Mangel an anderen Möglichkeiten solche Stellen wählt, ergibt sich aus der Tatsache, daß oft neben dem im Gras und Kraut errichteten Nest dichte Gebüsche vorhanden sind, die allen Ansprüchen genügen würden. Das Finden der Nester ist daher für den Beobachter insofern schwieriger als bei der Zaungrasmücke, da derartige Plätze sich ja in weit größerer Anzahl finden und man die genaue Beobachtung bauender oder fütternder Vögel unbedingt zu Hilfe nehmen muß, während man nach Zaungrasmückennestern u. U. auch einmal „blind" suchen kann.—Selten findet man Dorngrasmückennester etwas höher in einem Busch. Das höchste fand O c h s 1907/08 in 3 m Höhe, das höchste von mir gefundene befand sich nur in 55 cm Höhe.

Die Wahl solcher Standorte unterstützt (nicht ermöglicht!) die Besiedelung offenen Geländes, in dem alle anderen Grasmückenarten vollkommen fehlen. S t e i n f a t t 1940 sieht dies als Anpassung in der Entwicklung zum Feldvogel an.

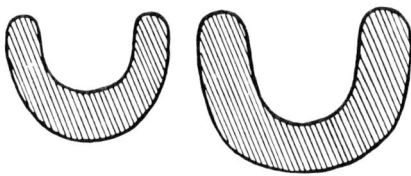

Abb. 13. Form der Nester von Zaungrasmücke (links) und Dorn-grasmücke (rechts).

Die Höhe des Z a u n g r a s m ü c k e n neststandes ist abhängig von der Größe des betreffenden Gebüsches. Bevorzugt werden solche von 0,70 bis 2,0 m Höhe, wobei das Nest 10—30 cm unter dem oberen Rand steht. Diese Entfernung ist von der Dichte des Busches nach oben ab-hängig (Sichtschutz gegen Luftfeinde). Bei beiden Arten sind die Nester sehr versteckt.

Die Lage im Revier scheint nicht von irgendwelchen regelmäßig be-achteten Gesichtspunkten bedingt zu sein, sondern von den jeweilig gegebenen Eigenheiten der Vegetation im Territorium beeinflußt. Die besondere Eignung als Standort kann oftmals mit dem menschlichen Unterscheidungsvermögen nicht erkannt werden.

Die 30 von mir ausgemessenen Z a u n g r a s m ü c k e n nester erga-ben folgende Durchschnittswerte für die Größe:

Gesamtdurchmesser 88 mm, Muldendurchmesser 55 mm, Höhe 67 mm, Muldentiefe 41 mm.

Die entsprechenden Zahlen für die D o r n g r a s m ü c k e sind 105, 65, 85 und 61 mm. Die sich daraus ergebenden Unterschiede in der Nest-form sind in der Skizze Abb. 13 deutlich erkennbar. Allen Grasmücken-nestern gemeinsam ist die lockere Struktur der Wand, die sofort die Unterscheidung von Nestern anderer Gattungen möglich macht. Bei der Z a u n g r a s m ü c k e kann dies so weit gehen, daß man teilweise die Eier durch die Nestwand hindurch sehen kann und „sich wundern muß, wie die Vögelchen die für die Eier nötige Brutwärme darin zusammen-halten können" (N a u m a n n 1822).

P a l m g r e n 1939 untersuchte die Wärmeisolierungskapazität auch experimentell.

Nach gelungener Aufzucht der Jungen ist das Nest flacher und breiter geworden. Bei allen Arten ist, durch die Ausführung der Baubewegun-gen nur von der Mulde her, die Innenseite des Nestes recht glatt, die Außenseite dagegen sperrig. Dies fällt besonders bei der D o r n - g r a s m ü c k e ins Auge, da hier starreres Material als bei den anderen Arten verwendet wird.

Die Gesamtzahl der jeweils verbauten Teile liegt zwischen 350 und 600 Stück. Bei allen Nestern wird von außen nach innen immer feineres

Material verbaut, das fast unmerklich in die inneren „Futterstoffe" übergeht.

Mit der gemeinsamen Fertigstellung des Nestes hat die Paarbildung ihren Abschluß gefunden. Erst damit tritt das ♂ in dauernde Beziehungen zu einem ♀. Die schon vorher, fast unmittelbar vom Eintreffen der ♀♀ an häufig zu beobachtenden Verfolgungsflüge, die die ♂♂ (nach W i t h e r b y die „werbenden" ♂♂) hinter den ♀♀ ausführen, haben demnach keinen Einfluß auf die Bildung des Paares. Wenn auch die Vermutung naheliegt, daß sie ihren Abschluß jeweils in einer Kopulation finden und so schon geschlechtliche Beziehungen vor dem Zusammenfinden des Paares bestehen, kann dies doch nicht bewiesen werden. Bei der Z a u n g r a s m ü c k e beispielsweise endete ein solcher Flug, bei dem das ♂ intensiv singt, dabei viele der mäuseartig hellen *„zizizi"* in die normale Klapperstrophe mengt, stets mit einem Verschwinden beider Vögel in einem dichten Gebüsch, wo jede Beobachtung aufhört.

Bei der D o r n g r a s m ü c k e unterscheidet S a u e r 1954 eine Vor- und eine Hauptbalz, zu deren zeitlicher Lage er jedoch nichts sagt. Sollten diese Verfolgungsflüge vor Nestbau/Verpaarung als Vorbalz angesehen werden können und später Bestandteil der Hauptbalz sein? — Gerade bei der Paarbildung und den Einzelheiten der dazugehörigen Bewegungsweisen bestehen die größten Lücken in unserer Kenntnis von der Lebensweise der Grasmücken.

Das Erkennen der ankommenden ♀♀ erfolgt wie bei den meisten Arten ohne auffallenden Geschlechtsdimorphismus auf Grund des Verhaltens. Nach dem über das Revier Gesagten muß ein stumm ins Revier des ♂, das durch Gesang markiert wird, eindringender Vogel ein ♀ sein und ist daher leicht als solches anzusprechen. Sicher kommen aber auch noch feinere Verhaltensweisen dazu, die nicht als solche gedeutet wurden. Um diese zu erkennen, bedarf es verfeinerter, experimenteller Methoden. Vielleicht kann die D i e s s e l h o r s t sche Arbeit über die Goldammer (1950) dazu einige Hinweise geben.

Nach erfolgter Paarbildung halten beide Partner sich immer eng zusammen. Beobachtet man einen einzelnen, nichtsingenden Vogel, kann man immer mit dem Auftauchen des Partners in unmittelbarer Nähe rechnen. Da das ♂ auch jetzt die Grenzen seines Revieres nicht überschreitet, verbleibt folglich das ♀ auch in ihm. Daß es jetzt auch revierverteidigende Funktionen erfüllt, wurde bereits erwähnt. Fraglich ist, ob fremde ♀♀ ebenso wie eindringende ♂♂ vertrieben werden oder ob das ♂ sich ihnen gegenüber anders verhält.

Der Anteil unverpaarter, weiterbauender ♂♂ ist von Jahr zu Jahr verschieden und beträgt maximal 20 % der Gesamtzahl der vorhandenen ♂♂. Die sicher auch vorhandenen ledigen ♀♀ sind viel weniger auffällig. Auch artmäßig bestehen Unterschiede: Bei der D o r n g r a s m ü c k e kommen unverpaarte ♂♂ regelmäßig vor, bei der Z a u n g r a s - m ü c k e sind sie selten und werden auch in der Literatur nicht er- wähnt.

Die Ursache für das Vorhandensein so vieler unverpaarter ♂♂ ist unbekannt. Die Reviere der betreffenden D o r n g r a s m ü c k e n - ♂♂ waren nicht kleiner oder schlechter als die der anderen, auch ihr Ver- halten entsprach völlig dem der anderen, später verpaarten ♂♂. Eben- falls keine Rolle spielt eine geringe Siedlungsdichte und damit verbun- den mangelnde Gelegenheit zum Finden eines ♀.

Daß das Verhalten dieser ♂♂ bis fast zu Beginn der Herbstzug- periode nur eine Fortsetzung des normalen Verhaltens vor der bei ihnen fehlenden Paarbildung ist, stellt so ein sehr schönes Beispiel für die Hierarchie der Verhaltensweisen dar.


## Gelege und Bebrütung

Bei der Z a u n g r a s m ü c k e erfolgt die Ablage des ersten Eies prä- zis am vierten Tag nach der gemeinsamen Fertigstellung des Nestes. Offenbar gilt diese Regel allgemein, ohne daß Witterungseinflüsse be- stehen oder daß individuelle Unterschiede vorkommen. Nicht ganz so regelmäßig findet man bei der D o r n g r a s m ü c k e das erste Ei am fünften Tag. Das gelegentliche Verlängern der Zwischenperiode beruht wahrscheinlich auf individuellen Unterschieden; Wettereinfluß scheidet nach den durchgeführten Beobachtungen aus.

Tageszeitlich erfolgt die Ablage der Eier bei beiden Arten stets mor- gens um Sonnenaufgang. Da die ♀♀ nach der Ablage oft noch einige Zeit auf dem Nest sitzen bleiben, ist es natürlich schwierig, den genauen Zeitpunkt festzustellen. Der entsprechende zeitliche Bereich liegt bei 30 Minuten vor bis 30 Minuten nach Sonnenaufgang. Überschreitungen dieses Zeitraumes sind selten. — Daß als Ort der Eiablage weniger das Nest in seiner Gestalt und Struktur als der genaue Standort desselben von Bedeutung ist, kann man evtl. einer Arbeit von G r o e b b e l s 1957 entnehmen. ♀♀ von *Sylvia borin, atricapilla* und *communis* legten nämlich, als das Nest mit einer mit Laub getarnten Glasplatte abgedeckt wurde, ihre Eier trotzdem darauf ab. Für die Silbermöwe hat T i n - b e r g e n 1958 dies eindeutig beweisen können.

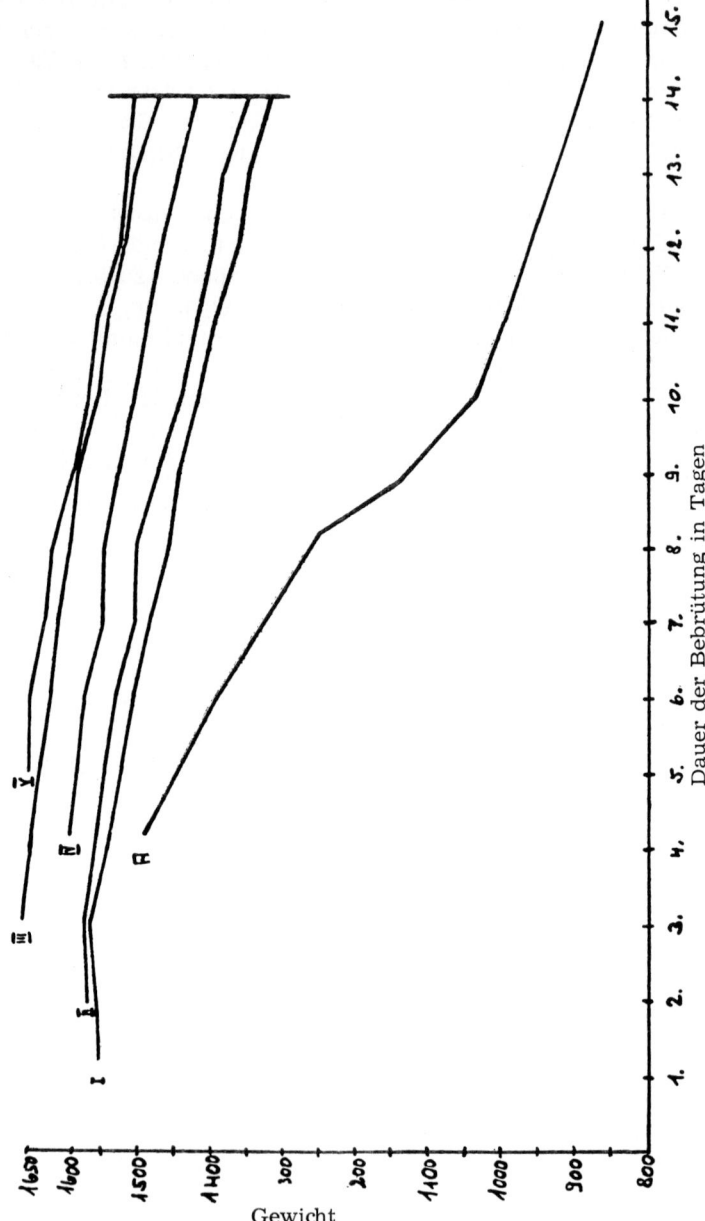

Abb. 14. Gewichtsabnahme der Eier während der Bebrütung. A ein unbefruchtetes Ei.

46

Wie bei den meisten kleineren Passeres werden die Eier in Abständen von 24 Stunden abgelegt. Regelwidrigkeiten kommen kaum vor, selten wird ein Tag überschlagen. Bei der Zaungrasmücke wurde ein Fall bekannt, wonach in zwei Tagen drei Eier abgelegt wurden (Groebbels 1937).

Die normale Zahl der Eier im Vollgelege beträgt nach Nietham mer 1937 bei der Zaungrasmücke 5, selten 6 oder 4; bei der Dorngrasmücke sind es 4 bis 6. Diese Zahlen sind jedoch weitgehend von den besonderen Verhältnissen des jeweiligen Jahres abhängig. So waren ganz allgemein im Jahre 1958 mit seiner verspäteten Ankunft und der dadurch verkürzten Brutperiode die Gelegestärken kleiner als 1959. Es waren 1958 12,5 % der Zaungrasmückengelege, die 6 Eier aufwiesen, 1959 dagegen 40 %. Entsprechend betrug der Anteil der Vierer-Gelege 37 und 7 %. Nicht ganz so deutlich war diese Erscheinung bei der Dorngrasmücke.

Noch differierender als die Gelegegrößen sind die Größen der einzelnen Eier, die vor allem zwischen den einzelnen ♀♀ schwanken. Die Unterschiede innerhalb des Geleges sind nicht regelmäßig, lediglich das letzte Ei ist meist größer als das vorhergehende. Bei 124 gemessenen Zaungrasmückeneiern ergaben sich Durchschnittsmaße von 16,88 × 12,89 mm, bei 70 Dorngrasmückeneiern von 18,70 × 14,12 mm. Zum Vergleich seien einige andere Zahlen genannt:

| | Zaungrasmücke | Dorngrasmücke |
|---|---|---|
| Groebbels 1937 | 16,75 × 12,75 | 18,1 × 13,8 |
| Niethammer 1937 | 16,2 × 12,3 | 18,8 × 13,9 |
| Kearton 1913 | 16,8 × 14,0 | 19,3 × 14,0 |
| Jourdain 1954 nach Bannerman | 17,27 × 12,82 | 18,58 × 13,98 |

Alle Angaben variieren somit untereinander; wesentlich sind dabei wohl besonders lokale Einflüsse.

Bei beiden Arten waren die durchschnittlichen Eigrößen 1959 größer als 1958, parallellaufend der Vergrößerung der Eizahl im Zaungrasmückengelege. Innerhalb des gleichen Jahres sind aber die Eier in den kleineren Gelegen größer als in den zahlenmäßig stärkeren, worauf auch Groebbels schon 1937 hinweist.

Die recht variable Färbung der Eier besteht bei beiden Arten aus einem hellen Olivgrün, das bis zu Weiß abgeschwächt sein kann, als Grundfarbe und einer (bei der Zaungrasmücke oft in Kranzform angeordneten) Fleckung mit grauen und braunen Tüpfelchen. Auch rot und reinweiß gefärbte Eier können vorkommen.

Als durchschnittliche Eigewichte wurden ermittelt:

Z a u n g r a s m ü c k e (n = 118) 1,49 g, max. 1,85 g, min. 1,27 g,

D o r n g r a s m ü c k e (n = 55) 1,99 g, max. 2,33 g, min. 1,64 g.

Auch hier traten jährliche Schwankungen auf. Ihre Erfassung ist aber mit Schwierigkeiten verbunden, da man unbedingt das Gewicht der Eier am Tage der Ablage bestimmen muß. Im Laufe der Bebrütung ändert es sich stark.

Bei Z a u n g r a s m ü c k e n gelegen wurden diese Gewichtsveränderungen durch tägliche Messungen verfolgt. Es ergaben sich für die fünf Eier eines Geleges die in Abb. 14 dargestellten Kurven, deren Verlauf durch Wägungen an anderen Gelegen bestätigt wurde. Die Gewichtsabnahme erfolgt meist ziemlich kontinuierlich schon vom Tage der Ablage an. Die tägliche Gewichstdifferenz beträgt zwischen 15 und 18 mg, als Maximum wurden 35 mg registriert. Der Gesamtgewichtsverlust ist direkt abhängig von der Dauer der Bebrütung des betreffenden Eies. Bei dem kurvenmäßig dargestellten Gelege betrug er bei den einzelnen Eiern:

|  | 230 mg | 205 mg | 180 mg | 165 mg | 140 mg |
|---|---|---|---|---|---|
| = | 14,5 % | 13,1 % | 10,9 % | 10,4 % | 8,6 % |

Die Erklärung der zwar parallel verlaufenden, aber verschieden großen Gewichtsabnahme liegt im komplizierten Zusammenspiel zahlreicher physiologischer Faktoren. — Bei den unbefruchteten Eiern sank das Gewicht viel rascher ab als bei den anderen. In Abb. 14 wurde die Gewichtskurve eines unbefruchteten Eies aus einem anderen Gelege mit eingezeichnet. Der Unterschied gegenüber der oberen Kurvenschar ist offensichtlich. Hier erfolgt der Gewichtsverlust durch Evaporation, er wird beeinflußt durch Luftfeuchtigkeit und -temperatur.

Innerhalb der Nestmulde liegen die Eier bei kleinen Gelegen meist ungerichtet, bei 5 und 6 Eiern ordnen sie sich paarweise an eine zu denkende gemeinsame Achse, so daß sie in ihrer Gesamtheit auf einer langgestreckten schmalen Fläche liegen. Besonders bei Sechsergelegen fällt dies ins Auge. Die Richtung der gemeinsamen Achse stimmt überein mit der vom Vogel während der Bebrütung eingenommenen Sitzrichtung und erleichtert so das Bedecken der Eier durch den brütenden Vogel. Andere Sitzrichtungen werden nur selten eingenommen, selbst Mißtrauen gegenüber dem frischerrichteten Versteck und Störungen durch sich nähernde Feinde führen nicht dazu. — Gegen Ende der Bebrütung sind die Eier auf dem stumpfen Pol viel leichter, da sich hier die Luftblase befindet. Sie liegen dann fast senkrecht in der Muldc.

Entfernt man die zugelegten Eier bis auf das erste laufend wieder, so verlassen die Vögel nach Ablage der normalen Eizahl das Nest. Sie errichten in der Nähe ein neues Nest. Die in diesem gelegten Eier scheinen in Größe, Gewicht und Zahl den verlorengegangenen zu entsprechen. Im Gegensatz zu vielen anderen Vogelarten läßt sich die Zahl der Eier in einem Nest also nicht erhöhen. Das eine verbleibende Ei ist nicht in der Lage, das Bebrüten auszulösen, es wird ein normales Nachgelege getätigt.

Auffüllung des noch unvollständigen Geleges ist ohne Einfluß auf die Zahl der abgelegten Eier. Während der Zeit der Eiablage zugefügte Eier werden ohne Schwierigkeiten angenommen, während später diese meist aus dem Nest entfernt werden.

Das für Nachgelege neuerrichtete Nest wird meist an der Grenze des alten Revieres errichtet, von wo aus letzteres dann nach der entsprechenden Seite etwas ausgedehnt wird. Dieses Verhalten gleicht dem nach Störungen während des Nestbaues. Die ganze Errichtung des neuen Nestes beansprucht einen Zeitraum von drei Tagen; schon am folgenden Tage erscheint das erste Ei des neuen Geleges. Einfluß darauf hat aber sicher auch die Dauer der Bebrütung bei Nestern, die erst zu einem späteren Zeitpunkt verlorengehen.

Erwähnt sei eine Beobachtung von C h a n c e , wonach sich in zwei Mönchsgrasmückennestern, aus denen alle Eier entfernt worden waren, nach 10 Tagen das zweite Gelege fand.

Wenn man den Beginn des Brütens mit L ö h r l 1951 annimmt mit dem Tage, an dem die erste Übernachtung auf den Eiern stattfindet, und das vorherige gelegentliche Sitzen auf den Eiern als „Vorbrüten" bezeichnet, so ist dieser Beginn nicht bei allen Vögeln beider Arten einheitlich. Während N i e t h a m m e r 1937 vom Bebrütungsbeginn nach Ablage des letzten Eies schreibt, konnte festgestellt werden, daß viele Vögel beider Arten schon nach Ablage des vorletzten Eies mit der Brut beginnen. Wohl auch dadurch bedingt ergibt sich dann ein Schwanken der gesamten Brutdauer. Das veranlaßte N i e t h a m m e r zu der Forderung, Angaben darüber über die Dorngrasmücke nachzuprüfen, da zu viele sich widersprechende Beobachtungen vorlägen.

Bei der Z a u n g r a s m ü c k e beträgt die Brutdauer 11 bis 14 Tage, bei der D o r n g r a s m ü c k e 11 bis 13 Tage, wobei die Extreme nur selten auftreten. Einfluß auf die Schwankungen hat nach S a u e r 1954 die Witterung, doch spielen auch individuelle Unterschiede eine große Rolle.

Abb. 15. Blick in ein Dorngrasmückennest mit Gelege.

Während der Bebrütung zeigen die Vögel ein relativ einförmiges Verhalten. Beide Gatten sitzen abwechselnd auf den Eiern, und es hat für den oberflächlichen Beobachter leicht den Anschein, als beteiligen sie sich zu gleichen Teilen daran. Da individuelle Unterscheidung der Vögel ohne Buntberingung bei der Zaungrasmücke unmöglich, bei der Dorngrasmücke schwierig ist, kam es in der Literatur zu widersprüchlichen Angaben, so z. B. für die Z a u n g r a s m ü c k e : „Beide Gatten brüten; nach L ö p m a n n 1934 erfolgt sehr häufig (fast alle 7 Minuten), nach Z i m m e r m a n n (briefl.) in größeren Abständen (alle Stunden und mehr) Ablösung; auch ganz entgegengesetzte Angaben liegen vor, nach denen das ♂ überhaupt nicht ablöst (W e t z e l, Orn. Monschr. 1877)" (N i e t h a m m e r 1937). Die letzte und älteste Ansicht kann ohne weiteres als überholt gelten, zwischen den beiden ersten ist es trotz vieler durchgeführter 5-Stunden-Ansitze am Nest schwierig zu entscheiden. Es gab Fälle, in denen das ♂ erst nach Stunden das brütende ♀, das inzwischen allerdings häufig zu kurzen Pausen das Nest verlassen hatte, ablöste. In anderen dauerte es nur 10—20 Minuten, bis das ♂ erneut am Nest erschien, um dann jedoch wieder zwischendurch für eine Stunde und länger fortzubleiben. Dies geschieht, ohne daß irgendwelche Regelmäßigkeiten zu verzeichnen sind.

Das den größeren Anteil am Brutgeschäft tragende ♀ verläßt das Nest nach sehr verschieden langer Dauer der „Sitzung", variierend von 3 bis über 30 Minuten. In der Regel kommt es nach ca. 3 Minuten erneut zum

Brüten. Findet eine Ablösung statt, so wird die Bebrütung nur durch die kurze Pause, die der Wechsel der Partner beansprucht, unterbrochen. Die individuellen Unterschiede zwischen einzelnen Paaren sind dabei sehr groß, besonders auch in bezug auf die Beteiligung des ♂ und die Länge des jeweiligen Bebrütens.

Die Ablösung geht schnell und meist unauffällig vonstatten, wobei wieder bestimmte feste „Wege" benutzt werden, die für beide Partner verschieden sein können. Durch stimmliche Äußerungen ist bei beiden Arten die Voranmeldung des ablösenden Partners möglich. Der betreffende Laut kann etwa wie „*dididi*" in Reihung von 4- bis 5mal beschrieben werden, wobei das *i* wenig betont ist. Die Dorngrasmücke bringt ihn evtl. etwas dunkler als ihre Verwandte. — Man hört ihn sowohl vom ankommenden als auch vom abfliegenden Vogel, beide Gatten bringen ihn. Bei der Dorngrasmücke wurde er manchmal sogar gehört, wenn ein einzelner Vogel das Nest verließ. S a u e r 1954 bringt in seiner umfangreichen Arbeit diesen Laut nicht. Akustisch vergleichbar wäre er höchstens mit den „*tschid*"-Lauten von ihm, die in Triebkonflikten vorgetragen werden, doch ist diese Deutung unwahrscheinlich.

Äußerst interessant ist noch eine weitere, bei der Ablösung auftretende Verhaltensweise, die bei der Z a u n g r a s m ü c k e gesehen

Abb. 16. Brütende Zaungrasmücke.

wurde. Im idealen Fall erfolgt die Ablösung, wenn der brütende Partner schon weitgehend an Brutstimmung verloren hat und das Kommen des anderen genügt, um ihn zum Verlassen des Nestes zu bewegen. Er erscheint wieder am Nest, wenn die Brutstimmung nach dem Verlassen des Nestes einen bestimmten Schwellenwert wieder überschritten hat. Treffen diese beiden inneren Zustände nicht aufeinander, ergibt sich eine Konfliktsituation. Der brütende Vogel ist noch nicht „gewillt", das Nest zu verlassen, er läßt den anderen nicht auf die Eier. Dies wird gekennzeichnet durch eine den unbefangenen Beobachter sogleich an das menschliche Kopfschütteln erinnernde Bewegung, die auch tatsächlich durch diesen Vergleich am besten zu charakterisieren ist. Die schnellen Bewegungen des Kopfes erfolgen mit kleinen Amplituden sowohl in seitlicher Richtung als auch nach vorn und hinten. In allen Fällen entfernte sich der ablösungsbereite Partner wieder vom Nest und kehrte erst nach einer gewissen Zeit wieder, worauf meist Ablösung erfolgte.

Die Bindung an das Nest ist beim sitzenden Vogel sehr groß. Häufig kam es vor, daß in der Zeit, da die Eier gewogen wurden, der Vogel auf dem leeren Nest brütete, ein schönes Beispiel für eine Leerlaufhandlung.

Weniger bekannt als das Wenden der Eier, doch desto auffälliger ist eine Handlung, über die S t e i n f a t t 1940 schreibt: „Eine sehr merkwürdige Handlung, die ich auch bei allen anderen Grasmückenarten gesehen habe, ist das Beschauen des Geleges und das Herumpicken in der Nestmulde." Obwohl diese Handlung sehr oft vorkommt, besteht keine Klarheit über ihre Funktion. Der Vogel steht dabei auf, schaut ins Nest und beginnt dann meist mit großer Intensität mit dem Schnabel in der Mulde herumzustochern oder zu -zerren. Es geschieht oft unter großer Kraftanstrengung, so daß das Nest mit den tragenden Zweigen zittert und bebt. Eine Auslösung durch taktile Reize ist wahrscheinlich, da häufig sofort mit dem Zerren begonnen wird, ohne daß der Vogel vorher einen Blick ins Nest wirft. Das Zerren kann ziemlich lange ausgedehnt werden, im Extrem waren es 8 Minuten. Durch sonst kaum beachtete Geräusche wird es aber unterbrochen. Eine Kontrolle der Nester auf etwaige Fremdkörper, Parasiten usw. verlief stets ergebnislos. Das Zerren findet sowohl während der Bebrütung als auch in der Zeit, da Junge im Nest sitzen, statt.

Häufig kommt Putzen vor, das sich aber stets auf einige kurze Bewegungen beschränkt, und als physiologisch bedingte Erscheinungen Hecheln (bei direkter Sonneneinstrahlung zur Wärmeregulierung) und

Gähnen. Oft werden die Augen geschlossen; der Vogel schläft. Beim leisesten Geräusch öffnet er sie aber sofort wieder. In unmittelbarer Nestnähe befindliche Insekten werden im Sitzen aufgenommen.

Eine bestimmte tageszeitliche Verteilung des Brütens auf die beiden Gatten findet nicht statt. Lediglich des Nachts brütet stets das ♀. Bei der D o r n g r a s m ü c k e ist das im Schein einer Taschenlampe gut zu erkennen, bei der Z a u n g r a s m ü c k e (bei der die Unterscheidung nicht möglich ist, da die Farbringe verdeckt sind) kommt bei der letzten Ablösung am Tage stets das ♀ zum Nest. Überhaupt scheint das ♀ die größere Bindung ans Nest zu haben, da es nach Störungen (Beziehen des Versteckzeltes) stets als erster Vogel wieder erscheint. Das erste Verlassen des Nestes findet morgens etwa um Sonnenaufgang statt, kurze Zeit nach Sonnenuntergang findet sich der Vogel wieder zum ununterbrochenen Brüten während der Nacht ein. Durch starken Regen als einzigen beeinflussenden Faktor wird der Aufenthalt auf dem Nest verlängert, d. h., die dann selteneren Ablösungen werden später als sonst begonnen und zeitiger als sonst eingestellt.

Nähert sich ein Bodenfeind dem Nest, so warnt meist der gerade nicht brütende Partner intensiv. Bald gesellt sich ihm der andere (inzwischen heimlich von den Eiern gegangene) Partner bei. Befindet sich die Gefahr dann in unmittelbarer Nähe des Nestes, zeigen die Vögel das V e r l e i t e n als mehr oder minder sinnvolle Reaktion auf Annäherung eines Bodenfeindes. Mit gespreiztem Schwanz, gesträubtem Gefieder und flatternden Flügeln bewegt sich der Vogel taumelnd wie hilflos auf dem Boden vom Nest fort, um den Verfolger hinter sich her- und vom Nest fortzulocken. Ununterbrochen ertönt dabei ein Warnlaut, der bei den zwei Arten gleich klingt und etwa mit „*teck*" und „*tscheck*" umschrieben werden kann. S a u e r 1954 bezeichnet ihn genauer als Fluchtlaut. Er entspricht bei der Z a u n g r a s m ü c k e dem eigentlichen Warnlaut, bei der D o r n g r a s m ü c k e ist dieser deutlich unterschiedlich („*wääd*" bzw. „*schaarp*"). Beim intensiven Verleiten kann der Fluchtlaut ganz schrill werden, entsprechend dem bei Schmerzen ausgestoßenen Laut. Der Beginn des Verleitens liegt schon in der Zeit, da das Nest errichtet wird, die Alten hören damit auf, sobald die Jungen aus dem Nest gegangen sind und sich selbständig in Sicherheit bringen können. Um das Verleiten auszulösen, bedarf es bei der Dorngrasmücke eines Reizes von viel geringerer Intensität als bei der Zaungrasmücke. Biologisch erscheint das zweckmäßig, da in den von Zaungrasmücken mit Vorliebe besiedelten Biotopen Störungen durch den Menschen viel häufiger sind und jedesmaliges Verleiten u. U. die Brut gefährden würde.

Abb. 17a. Zaungrasmückenweibchen flieht nicht vor der zugreifenden Hand,
sondern . . .

Hier sitzen die Vögel dann so fest auf dem Gelege, daß sie erst im
allerletzten Moment abfliegen. Ein brütendes Z a u n g r a s m ü c k e n -
♀ ließ sogar zu, daß man es auf dem Nest streichelte, ein anderes pickte
nach der angreifenden Hand und griff diese unter Hervorbringen von
Schnabelknappen als Drohlaut (Instrumentallaut, in der Zusammenstellung von R u n t e 1954 für diese Art nicht erwähnt) an, wie Abb. 17
(a und b) zeigt.

Als Erklärung für die Verhaltensweise des Verleitens wird meist der
Konflikt zwischen Flucht- und Drohtrieb angesehen, doch nach Ge-
dankengängen von A r m s t r o n g 1954 scheinen auch andere Faktoren
noch eine Rolle zu spielen. So kam es bei allen Grasmücken häufig vor,
daß das verleitende ♂ laut und auffallend sang. Ob dies lediglich als
Übersprunghandlung anzusehen ist, erscheint demnach fraglich. Die Intensität des Verleitens nimmt im Laufe der Bebrütung zu und erreicht
ihr Maximum während des Schlüpfens der Jungen.

Häufig wurde die Frage gestellt, ob der Vogel die Eier, die er so intensiv bebrütet, überhaupt „kennt". Wie u. a. S t e i n i g e r 1939 ausführt,
wird das im allgemeinen verneint. Bei Dorn- und Zaungrasmücken

Abb. 17b. .... pickt danach!

kann man während der Zeit der Eiablage ohne weiteres fremde, artgleiche Eier (mit z. T. erheblichen Färbungsunterschieden), eiähnliche Attrappen, Eicheln usw. zulegen, ohne daß die Vögel diese beachten. Der Vogel hat noch keine dauernde Bindung an das Nest und „interessiert" sich so nicht für den Inhalt.

Sobald die Bebrütung beginnt, ändert sich das umgehend. Alle Gegenstände, die in ihrem Aussehen zu weit (wie weit?) vom normalen Schema „Ei" entfernt sind, werden beseitigt. Es erfolgt also ein gewisses „Kennenlernen" der Eier als dem normalen Nestinhalt. Werden die Gegenstände erst während der Bebrütung zugelegt, erfolgt die Entfernung sofort. Jetzt zugelegte Eier werden verschieden behandelt: In einigen Fällen wurden sie bebrütet, in anderen entfernt. — A g à r d i (Aquila 34/35 p. 444) beschreibt einen Fall, nach dem vier einer Zaungrasmücke untergelegte Eier eines Rotrückenwürgers (*Lanius collurio* L.) ausgebrütet und sogar zwei Junge aufgezogen wurden. Auch verschiedene andere Experimente, besonders von R e n s c h , die G r o e b b e l s 1937 erwähnt, liegen vor. Sie wurden aber meist mit gröberen Unter-

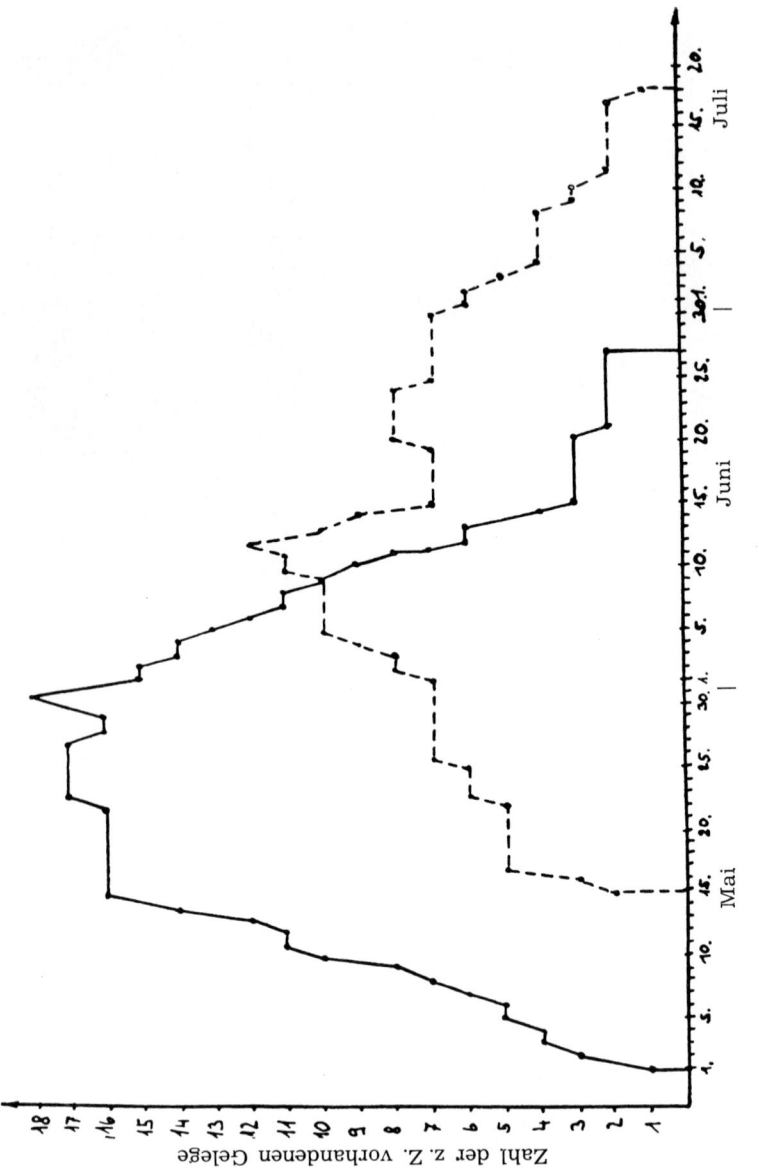

Abb. 18. Jahreszeitliche Verteilung der Bruten 1959. Glatte Linie Zaungrasmücke, gestrichelt Dorngrasmücke.

schieden in Farbe und Form durchgeführt und erzielten ganz verschiedene Ergebnisse. Nach R e n s c h ist vor allem die Färbung der Eier maßgebend (nach T i n b e r g e n s Untersuchungen an der Silbermöwe ist diese ziemlich bedeutungslos).

Während von der Z a u n g r a s m ü c k e allgemein nur eine Brut im Jahr angegeben wird, sieht man bei der D o r n g r a s m ü c k e zweimaliges Brüten als Regelfall an. D i e s s e l h o r s t 1957 beschreibt sogar einen Fall von dreimaligem Brüten. Bei den eigenen Beobachtungen fiel es auf, daß von farbig beringten D o r n g r a s m ü c k e n nie ein zweites Brutnest gefunden wurde, genausowenig wie ein erneutes Ansteigen der Zahl der besetzten Nester nach Beendigung der ersten und zu Beginn einer zweiten Brutperiode zu verzeichnen war. – Zur genaueren Betrachtung seien daher alle Gelege bzw. Bruten eines Jahres in ihrer zeitlichen Verteilung graphisch dargestellt. Die Abb. 18 gibt in kurvenmäßiger Darstellung die Zahl aller jeweils vorhandenen Nester an. Bei der Betrachtung fällt sofort das Fehlen eines zweiten Gipfels in der Dorngrasmücken-Kurve auf, der bei wirklich durchgeführten zwei Jahresbruten ja unbedingt vorhanden sein muß. Da ein Beobachtungsfehler in derart grober Form keineswegs unterlaufen sein kann, muß die Richtigkeit der diesbezüglichen Literaturangaben in ihrer allgemein gültigen Form angezweifelt werden.

Einen Hinweis zur Klärung dieser Frage kann evtl. das Verhalten des Stares (*Sturnus vulgaris* L.) geben. Von ihm ist bekannt, daß er „lokal oder auch in milden Gegenden normale Zweitbruten macht" ( N i e t h a m m e r 1937) [1]), während dies im norddeutschen Raum nicht oder nur selten der Fall ist. Das Verhalten der Dorngrasmücke könnte hierzu einen Parallelfall darstellen. Es wäre wünschenswert, wenn auch andere Feldbeobachter ihr Augenmerk auf diese Erscheinung richten würden.

## Die Entwicklung der Nestlinge

Am Abend des 12. oder am Morgen des 13. Tages schlüpfen die ersten Jungen aus den Eiern. Mit Hilfe des Eizahnes wird in der Nähe des stumpfen Pols die Schale durchbrochen, die kleinere Hälfte wie ein Deckel vom Jungen weggeschoben. Die brütenden Altvögel müssen diesen Zeitpunkt schon vorher wahrnehmen können, da sie sehr unruhig sind, sich fortwährend von den Eiern erheben und in die Mulde blicken. Auch die allgemeine Unruhe hat sich bei ihnen verstärkt, die Intensität des Warnens und des Verleitens erreicht einen Höhepunkt. Der Schlüpfakt der einzelnen Jungen geht meist sehr schnell vor sich, als längster Zeitraum können etwa 30 Minuten angesehen werden.

[1]) Vgl. auch S c h n e i d e r , W. (1960): Der Star – „Die Neue Brehm-Bücherei" Nr. 248.

Abb. 19. Unmittelbar nach dem Schlüpfen wird die Eischale aus dem Nest entfernt.

Meist unmittelbar nach dem Verlassen der Schale durch das Junge ergreift der gerade anwesende Gatte mit dem Schnabel die Schalenreste (Abb. 19 und 20) und fliegt damit fort. Da der Vogel sehr schnell wieder am Nest erscheint, ist anzunehmen, daß sie in unmittelbarer Nestnähe im Flug fallen gelassen werden. Nur selten lassen die Eltern die Eischale längere Zeit (maximal 2 Stunden) im Nest, bevor sie sie wegtragen.

Die Gesamtzeit des Schlüpfens aller Jungen liegt zwischen 3 und 12—18 Stunden, der Mittelwert liegt nahe an dem als Minimum angegebenen Wert. Meist schlüpfen die Jungen in Abständen von 30 bis 45 Minuten. Dabei ist die Reihenfolge keineswegs identisch mit der der Ablage der Eier, häufig ist es sogar umgekehrt. Hierauf haben schon P e i t z m e i e r 1953 und G r o e b b e l s 1955 hingewiesen, es wurde als fast bei allen Vogelarten vorkommende Erscheinung diskutiert. Nur das zuletzt abgelegte Ei schlüpft auch meist zuletzt, vielleicht mit dem Beginn der Bebrütung nach Ablage des vorletzten Eies zusammenhängend.

Es gelangen nicht alle Eier zum Schlüpfen. In jedem Gelege findet sich in der Regel ein Ei, in dem das Junge nicht zur Entwicklung kommt, selten sind es zwei oder keines. Sein Inhalt ist eingetrocknet, eine Embryonalentwicklung nicht erkennbar. Die starke Gewichtsabnahme dieser Eier wurde schon im vorigen Kapitel erwähnt. Besteht das ganze Gelege aus solchen Eiern, brüten die Vögel weit über die normale Zeit weiter (eine Mönchsgrasmücke brachte es auf 21 Tage — G r o e b b e l s 1941). — Da es so schon rund 20 % der Eier sind, aus denen keine Nachkommen entstehen, ist dies ein Faktor, der bei der Berechnung der Vermehrungsrate stark ins Gewicht fällt. Die Feststellung dieser Eier ist auch bei wenigen Kontrollen möglich, da sie während der gesamten Nestlingszeit im Nest belassen werden, ohne daß die Vögel sich im geringsten darum kümmern. Von den heranwachsenden Jungen werden sie später dann zertreten.

Die Jungen erblicken vollkommen nackt und hilflos das Licht der Welt. Als Gewichte werden 1,15 g für die Z a u n g r a s m ü c k e und knapp 1 g für die D o r n g r a s m ü c k e angegeben (H e i n r o t h 1928). Die Abb. 21 und 22 zeigen sie in natürlicher Größe. Auffallend ist der überaus große Hinterleib, durch dessen dünne Haut die inneren Organe durchschimmern, und der ebenfalls relativ riesige Kopf, den das Tier nur für kurze Momente des Sperrens heben kann. Die großen halbkugelig an den Seiten hervortretenden Augen sind noch von den Lidern bedeckt, die Ohröffnungen deutlich sichtbar. Am Hinterkopf bemerkt man eine geschwulstähnlich aussehende Überentwicklung der Muskeln, die beim Sprengen der Eischale nützlich ist. Genaue Angaben über diese von H e i n r o t h 1928 erwähnte Eigenheit macht K e i b e l 1914.

Abb. 20. Dorngrasmücke mit der größeren Eischalenhälfte im Schnabel.

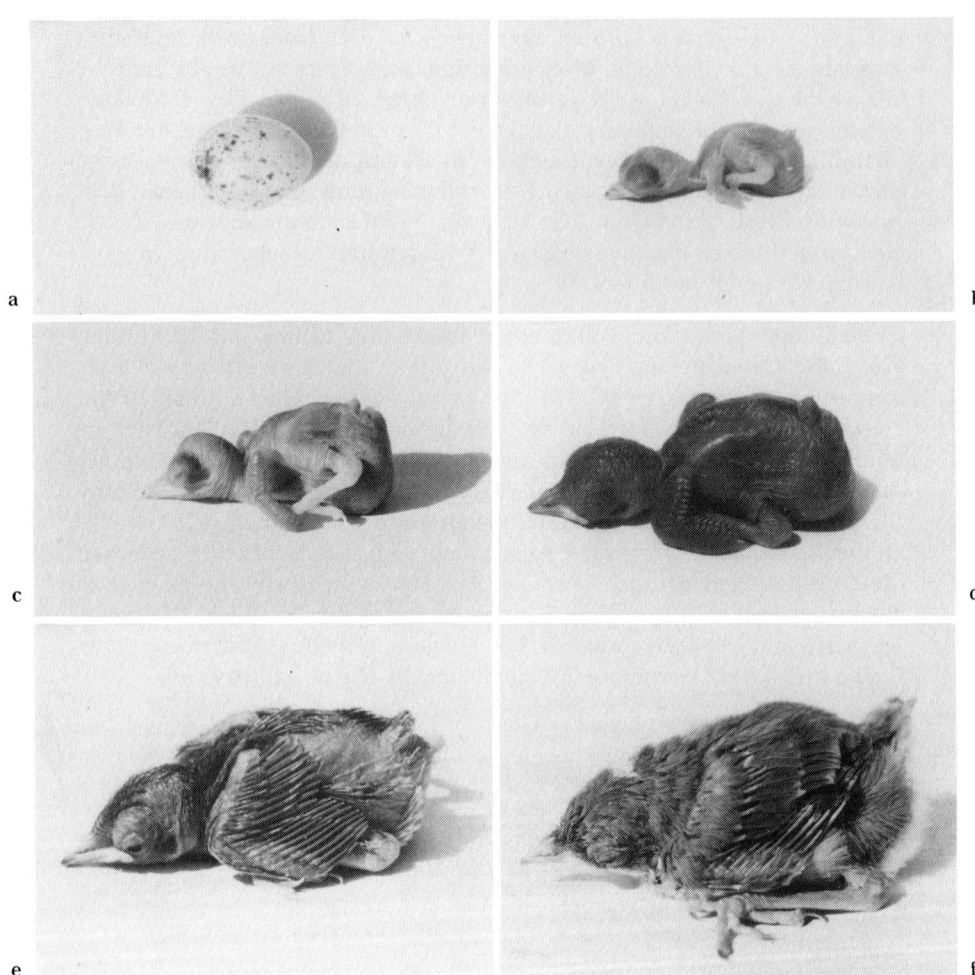

Abb. 21. Entwicklung der Nestlinge von *Sylvia curruca*. a = Ei, b = 1. Tag, c = 3. Tag, d = 5. Tag, e = 7. Tag, f = 9. Tag.

Für die Fortbewegung innerhalb des Nestes werden die Flügel wie ein zweites Beinpaar zu Hilfe genommen. Der Schnabel wird seitlich von zwei leuchtend gelben Seitenwülsten begrenzt.

Die weitere morphologische Entwicklung ist auf den Seiten 64—65 und 66—67 in tabellarischer Form dargestellt, veranschaulicht durch die bei-

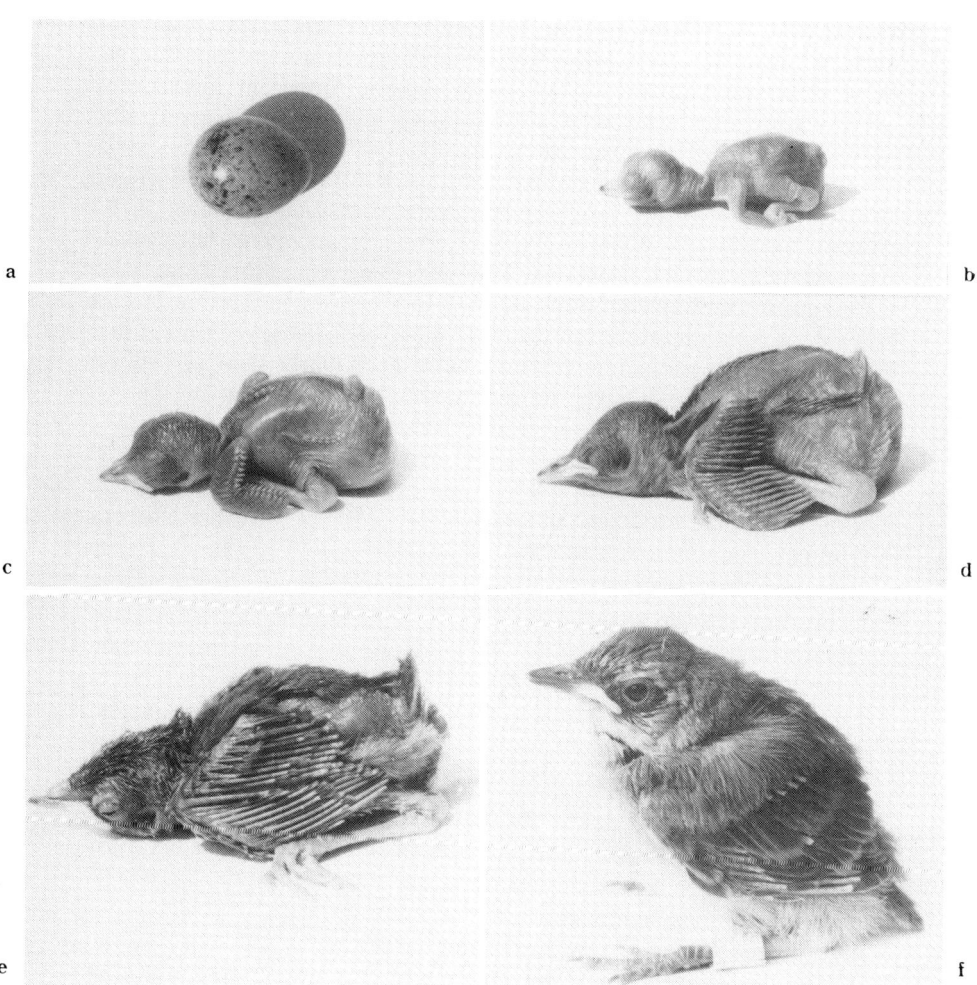

Abb. 22. Entwicklung der Nestlinge von *Sylvia communis* (natürliche Größe).
a = Ei, b = 1. Tag, c = 3. Tag, d = 5. Tag, e = 7. Tag, f = 9. Tag.

den Tafeln auf den Seiten 60 und 61. Hiernach ist eine recht genaue Altersbestimmung der Nestlinge möglich.

Schon kurze Zeit nach dem Schlüpfen, noch bevor sich die restlichen Eier öffneten, sperren die erstgeborenen Jungen. Nach einigen Stunden sind sie kräftig genug, um das einfache Sperren durch ein den Grasmücken eigentümliches Kopfzittern zu ergänzen, von dem H e i n r o t h

1928 schreibt: „Was diese Zitterei für eine Bedeutung hat, ist nicht ganz klar." Es unterstützt evtl. die Wirksamkeit des Auslösers „Sperrachen". Beim Sperren sollen die Jungen nach diesem Autor ein leises „*sieh*" hervorbringen, das ich bisher nie hören konnte. — Das Sperren selbst wird in diesem Alter rein mechanisch ausgelöst, die Erschütterungsreize des in der Nähe befindlichen Altvogels werden taktil wahrgenommen. Der Schwellenwert der auslösenden Reize liegt ziemlich niedrig; die Jungen sperren oft, ohne daß ein Elternvogel anwesend ist. Bei der Z a u n g r a s m ü c k e vom 6., bei der D o r n g r a s m ü c k e vom 7. Tage an beginnt es dann optisch ausgelöst zu werden. Das auslösende Schema ist recht einfach, noch während des Ausfliegens werden auf dem Nestrand stehende Junge angesperrt. Ganz grob macht sich das dadurch bemerkbar, daß die Jungen bei der Nestkontrolle nicht mehr sperren. Richtend wirkt aber immer noch die Schwerkraft, die Jungen sperren senkrecht nach oben. Erst vom 9. Tage an wirkt das Elternschema auch richtend, also von dem Zeitpunkt an, da die Jungen beginnen, bei Gefahr das Nest zu verlassen: eine biologisch äußerst wichtige Übereinstimmung.

Erstmalig 1956 wies C r e u t z darauf hin, daß die Nestlinge eine ganz bestimmte feste Sitzordnung einhalten, die sich im Laufe der Hockzeit und mit der fortschreitenden Entwicklung der Jungen nach einem bestimmten Ritus ändert. Er unterscheidet dabei drei Formen:

a) Das Sitzen Bauch-an-Bauch. Die Köpfe sind alle zur Nestmitte gekehrt (= konzentrisch);

b) das sternförmige Sitzen. Die Köpfe sind nach außen gekehrt, die After konzentrieren sich in der Mitte (= exzentrisch);

c) das dachziegelartige Sitzen. Die Jungen blicken alle in einer Richtung.

Nach seinen Beobachtungen werden diese Haltungen von 95 % aller Bruten eingenommen. Auch für die untersuchten Arten trifft das zu. Während die Jungen am ersten Tag noch zu schwach sind, eine bestimmte Sitzrichtung einhalten zu können, sitzen sie danach bis zum Alter von 5 Tagen konzentrisch, wobei die oftmals übereinander liegenden Hälse und Köpfe ein genaues Hinsehen erfordern. In ein oder zwei Tagen, in denen sich eine Sitzrichtung nicht erkennen läßt, ist dann der Übergang zum dachziegelartigen Sitzen erfolgt. Dieses wird bis zum Ausfliegen beibehalten und ist die am deutlichsten erkennbare Sitzordnung (Abb. 23). Sie gewährleistet die beste Platzausnutzung durch die heranwachsenden Jungen und ermöglicht eine schnelle Orientierung auf den futterbringenden Altvogel.

Abb. 23. Dachziegelartige Sitzordnung bei jungen Zaungrasmücken.

Bis zum 8. Tage ihres Lebens fehlt den Jungen jede Möglichkeit, eine drohende Gefahr zu erkennen und ihr in irgendeiner Weise begegnen zu können. Das erste Anzeichen eines Erkennens des Menschen als eines solchen Feindes ist das Drücken in die Nestmulde bei Erscheinen desselben. Fast zum gleichen Zeitpunkt ist als „abwehrende" Verhaltensweise bereits die Tendenz zum Verlassen des Nestes (trotz völliger Flugunfähigkeit) vorhanden. Jeder Beringer weiß, wie wirksam diese momentan ist. Im dichten Unterholz gelingt es fast nie, der Jungen wieder habhaft zu werden. Beim Verlassen des Nestes wird der Schrecklaut („tschiek" bzw. „tschick" oder „tschiep" — nach S a u e r ein Übersprunglaut in Triebkonflikten) ausgestoßen, der alarmierend auf die Geschwister wirkt und diese ebenfalls zur Flucht veranlaßt (L ö h r l 1950).

Nach Ablauf einiger Minuten nehmen die Jungen durch Ausstoßen eines Lautes, der etwa mit „wiid" umschrieben werden kann und ganz leise hervorgebracht wird, miteinander Stimmfühlung auf und sammeln sich nach einiger Zeit wieder. Die Altvögel füttern auch außerhalb des Nestes normal weiter, jedoch droht Gefahr von seiten des kleinen Raubwildes. Sie besteht in der gleichen Form beim normalen Ausfliegen, da die Jungen auch dann nur schlecht in der Lage sind, sich im Gesträuch

**Nestlingsentwicklung von *Sylvia curruca***

a) M o r p h o l o g i s c h

| Alter | Augen | Schnabel u. Lauf | Gefieder | Schwanz |
|---|---|---|---|---|
| 1. | geschlossen | S. hell mit etwas dunklerer Spitze, gelbe Seitenwülste L. ganz hell, „fleischfarben" | fehlt völlig | — |
| 2. | Lidspalte erkennbar | → | → | — |
| 3. | schlitzförmig geöffnet | S. hell mit dunklerer Spitze L. noch ganz hell | → | — |
| 4. | fast offen | S. hellgrau L. fast hellgrau | Kiele brechen an Flügeln, Brust u. Schulterdecken d. | — |
| 5. | offen | S. und L. hellgrau | Außer Scheitel sind alle Kiele durchgebrochen, an Brust, Rücken u. Schulterdecken öffnen sie sich bereits | 1 mm |
| 6. | | | Außer Handschwingen u. Scheitel haben sich alle Kiele geöffnet | 2 mm |
| 7. | | | Kiele öffnen sich immer mehr | 4 mm |
| 8. | | | | 8 mm |
| 9. | | | | 12 mm |
| 10. | | | | 17 mm |
| 11. | → | S. grau, Rückbildung der Wülste L. grau | Nur Flügel- und Steuerfedern noch in Scheiden | 20—25 mm |

b) E t h o l o g i s c h

| Alter | Sperren | Sitzordnung | Stimme | Furchtreaktion |
|---|---|---|---|---|
| 1. | Ausgelöst durch Erschütterungen ungerichtet | unregelmäßig | stumm | fehlt |
| 2. | | konzentrisch | | |
| 3. | | | | |
| 4. | | Übergang zu dachziegelfg. | | |
| 5. | | dachziegelfg. | | |
| 6. | Ausgelöst durch Elternschema ungerichtet | | Auf Schmerzen Klagelaut „*iäd*" | |
| 7. | | | Sperrlaut „*tzieh*" | |
| 8. | | | | |
| 9. | | | Schrecklaut „*tschick*" „*tschiep*" | Drücken in die Nestmulde, bei Schreck Verlassen des Nestes |
| 10. | gerichtet | | | |
| 11. | | | | |
| 12. | | | | normales Ausfliegen |

## Nestlingsentwicklung von *Sylvia communis*

### a) Morphologisch

| Alter | Auge | Schnabel u. Lauf | Gefieder | Schwanz |
|---|---|---|---|---|
| 1. | geschlossen | S. hell mit etwas dunklerer Spitze, gelbe Seitenwülste L. fleischfarben | fehlt völlig | — |
| 2. | Lidspalte erkennbar | → | | — |
| 3. | schlitzförmig geöffnet | | | — |
| 4. | fast offen | S. hellgrau mit dunklerer Spitze | Kiele brechen an Flügeln, Rücken u. Schulterdecken d. | — |
| 5. | | Oberschnabel hellgrau L. gelb | Alle Kiele sind durchgebrochen außer Scheitel | 1 mm |
| 6. | offen | Oberschnabel grau | Alle Kiele frei, an Flanken und Schulterdecken öffnen sie sich | 2 mm |
| 7. | | → | Außer Scheitel alle etwas geöffnet | 6 mm |
| 8. | | | Öffnen sich immer mehr | 10 mm |
| 9. | | | | 11 mm |
| 10. | | | | 15 mm |
| 11. | → | | → | 20—25 mm |
| 12. | | Rückbildung der Seitenwülste | Nur Flügel und Steuerfedern noch in Scheiden | |

b) E t h o l o g i s c h

| Alter | Sperren | Sitzordnung | Stimme | Furchtreaktion |
|---|---|---|---|---|
| 1. | Ausgelöst durch Erschütterungen ungerichtet | unregelmäßig | stumm | fehlt |
| 2. | | konzentrisch | | |
| 3. | | | | |
| 4. | | Übergang zu dachziegelelfg. | | |
| 5. | | dachziegelelfg. | Klagelaut „jää" „jää" | |
| 6. | | | Sperrlaut „tzieh" | |
| 7. | Ausgelöst durch Elternschema, ungerichtet | | | |
| 8. | | | | Drücken in die Nestmulde |
| 9. | Auf Elternschema gerichtet | | Schrecklaut „tschiek" | Bei Schreck Verlassen des Nestes |
| 10. | | | | |
| 11. | | | | |
| 12. | | | | normales Ausfliegen |

zu bewegen. Bei jungen D o r n g r a s m ü c k e n trifft das besonders zu, da sie sich in der ersten Zeit ziemlich nahe am Boden aufhalten. Eine Beringung oder die Abnahme von Halsringproben darf daher nur bis zum 8. Tag erfolgen, da sonst mit Verlusten gerechnet werden muß.

### Die Sorge der Eltern für die Jungen

Die Eltern treiben eine sehr intensive Brutpflege, ihr Verhalten wird vollkommen von der Sorge für die Jungen bestimmt. Als große Komplexe spezieller Bewegungsweisen lassen sich das Hudern, die Futterbeschaffung und -übergabe und die Sorge für die Sauberhaltung des Nestes unterscheiden.

Das H u d e r n , d. h. das Bedecken der Jungen zur Erhaltung der notwendigen Temperatur im Nest und zum Schutz vor schädlichen Witterungseinflüssen, ist verhaltensmäßig die direkte Fortsetzung des Brütens (Abb. 24). Die Intensität nimmt im Laufe der Entwicklung der Jungen immer mehr ab. In den ersten 4—5 Tagen bleibt der Vogel so lange auf den Jungen sitzen, bis ihn der Gatte ablöst. Dann werden allmählich immer größer werdende Pausen eingeschoben, bis schließlich

Abb. 24. Hudernde Zaungrasmücke. Vergleiche mit Abb. 16!

Abb. 25. Zaungrasmückenmännchen füttert fünf Tage alte Junge.

nur noch während der Nacht gehudert wird. Bei beiden Arten werden vom 9. bis 10. Tage an auch nachts nicht mehr die Jungen bedeckt, da deren Federkleid inzwischen genügend entwickelt ist, um die notwendigen wärmeregulatorischen Funktionen selbst zu erfüllen. An den einzelnen Tagen werden Länge der Huderzeit und Zahl der Ablösungen vom Charakter der herrschenden Wetterlage, und zwar besonders von der Temperatur, bestimmt. Zu einer Verstärkung des Huderns führen dabei sowohl niedrige als auch extrem hohe Temperaturen. Im Unterschied zur Bebrütung ist der Anteil der beiden Gatten sowohl in Beziehung zur Zeit als auch zur Zahl der Ablösungen gleich.

Im Gegensatz dazu schreibt L ö h r l 1957 vom Höhlenbrüter Kleiber, daß an kühlen Tagen nicht wesentlich mehr gehudert wird, wodurch hier viele Verluste hervorgerufen werden.

Das F ü t t e r n setzt mit dem Sperren der Jungen unmittelbar nach dem Schlüpfen ein. Die innerhalb des Revieres gesammelte Nahrung wird den Nestlingen tief in den Sperrachen hineingesteckt, und zwar so lange und so oft, bis das Junge zu schlucken beginnt (Abb. 25). Dazu wird u. U. der Nahrungsbrocken wieder aufgenommen und erneut verfüttert, manchmal sogar an ein anderes Junges. Sperren die Jungen nicht (z. B. unmittelbar nach dem Anlegen von Halsringen), erscheinen die Altvögel ganz unruhig, treten auf dem Nestrand umher und versuchen, durch Berühren der Jungen mit dem Schnabel diese doch zum Sperren zu veranlassen. Verlaufen alle Versuche ergebnislos, frißt der Altvogel die mitgebrachte Beute selbst. Die direkte Auslösung der Futterübergabe wird dadurch deutlich, daß meist das Junge, das am stärksten, d. h. am höchsten sperrt, die Nahrung bekommt. Da dies auch meist dasjenige ist, dessen letzte Fütterung am weitesten zurückliegt und das demzufolge das größte Hungergefühl verspürt, erfolgt so eine ziemlich gleichmäßige Verteilung der zur Verfügung stehenden Nahrung. – Ein Besuch des Nestes, ohne daß Futter gebracht wird, kommt kaum vor. In den ersten Tagen werden die Beutetiere meist in der Einzahl gebracht, nur ganz kleine Tiere, wie Blattläuse, werden zu mehreren verabreicht. Die Größe der einzelnen Nahrungsbrocken ist in den ersten beiden Tagen deutlich geringer als später. In den Halsringproben ist das leider nicht zu erfassen, die sicher stattfindende Selektion unter den Beutetieren so nicht genauer zu untersuchen.

Die Zahl der Fütterungen steigert sich von anfänglich etwa 6 pro Stunde auf 15 in der Mitte und bis zu 22 am Ende der Nestlingszeit. Ein tageszeitlicher Rhythmus ist nur schwach ausgeprägt: Gegen Mittag sinkt die Zahl der Fütterungen etwas ab.

Abb. 26. Beide Gatten befinden sich gleichzeitig am Nest, um zu füttern.

Abb. 27. Der Altvogel nimmt den Kot vom After ab und trägt ihn fort.

In gegensinniger Beziehung zum Hudern ist das Wetter von Bedeutung. Bei einer stärkeren Intensität des Huderns nimmt natürlich die Zahl der Fütterungen ab. Der Anteil der beiden Gatten an der Fütterung der Jungen ist fast gleich, doch macht das ♂ manchmal Pausen, in denen es überhaupt nicht am Nest erscheint und in denen das ♀ allein die Versorgung übernimmt. Nach solchen etwa halbstündigen Pausen beteiligen sich dann beide wieder zu gleichen Teilen. Bei den Dorngrasmücken ist das deutlicher als bei der anderen Art. Genaue Tabellen darüber gibt auch S t e i n f a t t 1940. — Als Kuriosum wurde beobachtet, wie ein Dorngrasmücken-♀ seinen 12 Tage alten Jungen dünne Würzelchen (wie sie sonst zum Nestbau verwandt werden) in den Sperrachen steckte und verfütterte.

Erwähnt sei auch eine Beobachtung von R e h a g e 1955, der ein unverpaartes Blaukehlchen-♂ zusammen mit den Eltern junge Dorngrasmücken füttern sah.

Direkt mit der Fütterung verbunden ist die S o r g e für die S a u b e r h a l t u n g des Nestes. Die von einer zähen Schleimschicht umgebenen Kotballen werden mit dem Schnabel direkt vom After abgenommen. Die Altvögel schauen nach jeder Fütterung in die Mulde und „warten" auf den Kotballen. Die Bereitschaft zur Aufnahme ist also gegeben, bevor durch einen optischen Reiz die Abnahme selbst ausgelöst wird. Bis zum 5. Tage werden die Kotballen gefressen, danach bis zu einer gewissen Entfernung vom Nest weggebracht. Die Kotballen werden manchmal im Fluge fallen gelassen, manchmal auf Zweigen, Zaunpfählen usw. im Sitzen abgelegt. Im Höchstfall werden sie, soweit das beobachtet werden konnte, 40 m weit gebracht. — Als Auslöser für das Aufnehmen des Kotes wirkt dabei der Anblick des Kotballens allein. Ein Kotballen, den ein Nestling über den Rand hinweg ins Gras fallen ließ, wurde vom Boden aufgenommen und entfernt.

Die Zahlen der Kotabgaben und der Fütterungen sind direkt voneinander abhängig. Es gibt immer dasjenige Junge den Kot ab, das auch gefüttert wurde. Auch in umgekehrter Richtung besteht diese Korrelation. So stellte man beim Eichelhäher fest, daß nach künstlich herbeigeführter Entleerung (durch Einspritzen von Wasser oder Brei in die Kloake) der Sperreflex gehemmt war. Gestopftes Futter wurde wieder ausgespien (Groebbels 1932). Bei den Zaungrasmücken kommt in den ersten Tagen auf etwa drei Fütterungen eine Kotabgabe, gegen Ende der Nestlingszeit auf etwa zwei Fütterungen. Da man die einzelnen Jungen nicht unterscheiden kann, sind dies reine Mittelwerte, auf gerade Zahlen aufgerundet. — Interessanterweise scheinen bei der Dorngrasmücke diese Beziehungen abweichend zu sein, die Durchschnittswerte liegen mindestens um eine Fütterung tiefer, d. h., gegen Ende der Nestlingszeit sind es immer noch drei bis vier Fütterungen, die vor einer Kotabgabe liegen. — Die absolute Zahl der Kotabgaben läßt sich aus den angegebenen Verhältnissen ohne weiteres ableiten.

Der Beginn der Kotabgabe liegt nicht dem Beginn der Fütterungen entsprechend unmittelbar nach dem Schlüpfen, sondern erst am darauffolgenden Tag. Smith 1950 schreibt von der Schafstelze, daß die erste Kotabgabe nach mindestens 24 Stunden erfolgt. Infolge der geringen Größe der Jungen ist die Beobachtung in den ersten Tagen in dieser Beziehung etwas ungenau und eine genaue Entscheidung schwierig.

Die normale Dauer der Nestlingszeit beträgt 12 Tage und ist bei beiden Arten gleich. Die bisherigen, sich z. T. widersprechenden Angaben (Niethammer 1937 führt bei der Zaungrasmücke nur ein Fragezeichen an) beruhen auf der Tatsache, daß die Jungen bei Gefahr vorzeitig das Nest verlassen. Bei den täglichen Beobachterkontrollen muß daher höchste Vorsicht walten, um die Jungen nicht zu beunruhigen. Das Ausfliegen selbst findet normalerweise immer in den ersten Morgenstunden statt. Die Jungen sind im Nest schon sehr lebhaft, putzen sich laufend, um die Spulenreste von den Federn zu entfernen, und schlagen mit den Flügeln. Die Sitzrichtung wird fortwährend geändert, wobei der Raum in der Nestmulde kaum noch für die Jungen ausreicht. Die Zaungrasmücken-Eltern sind fast dauernd in der Nähe des Nestes, ihre Erregung äußert sich in einem ununterbrochenen „Tikken"; ihr Verhalten erweckt den Eindruck, als lockten sie die Jungen aus dem Nest. Diese gehen spontan aus dem Nest und folgen, mühsam auf den Zweigen balancierend und noch völlig flugunfähig, den Eltern. Im dichten Gesträuch sind sie bald den Blicken des Beobachters entschwunden. Die zurückgebliebenen Jungen werden im Nest weiter gefüttert, nach höchstens 1—2 Stunden haben auch sie das Nest verlassen.

Unterschiedlich dazu verließen in den beobachteten Fällen die jungen D o r n g r a s m ü c k e n die Stätte ihres bisherigen Lebens, ohne daß die Eltern anwesend waren. Bestärkt wird die Auffassung von einem unterschiedlichen Verhalten noch dadurch, daß die Fütterungen zu dieser Zeit nur noch vereinzelt stattfinden, während vorher fast in jeder Minute ein Altvogel zum Nest kam. Das Verlassen des Nestes durch die Jungen kam daher ziemlich unvermittelt und plötzlich. Bei beiden Arten ließen die Jungen während des Ausfliegens das vorher als Schrecklaut bezeichnete „Tschick" bzw. „Tschiek" hören.

Abb. 28. Ein eben ausgeflogenes Zaungrasmückenjunges im Gezweig neben dem (links sichtbaren) Nest.

Die Intensität des Warnens und des Verleitens erreicht während des Ausfliegens und kurz danach einen neuen Höhepunkt.

## Verhalten nach Beendigung der Brut

Die Jungen müssen nach dem Ausfliegen erst das Erreichen der Flugfähigkeit abwarten und klettern noch ziemlich unbeholfen in den Zweigen umher. Sie halten sich in den folgenden Tagen geschlossen meist in unmittelbarer Nähe des Nestes auf. Bewegungslos sitzen sie in kleineren Gebüschlücken und verbringen die Zeit bis zum Erscheinen der Eltern mit Putzen und Sonnen. Daher findet man sie immer auf der Sonnenseite von Gebüschgruppen. Erst allmählich entfernen sie sich weiter vom Nest. Die Richtung dieser Bewegung ist in erster Linie abhängig von der in der Nähe des Neststandortes vorhandenen Vegetation. Die Vögel suchen möglichst dichtes und undurchdringliches Gesträuch als Aufenthaltsort zu wählen.

Schon gegen Ende der im Familienverband verlebten Zeit aber tritt deutlich eine Richtungstendenz in mehr oder minder südlicher Richtung ein, wie sie im folgenden Kapitel näher beschrieben wird. Mit der Entfernung vom ursprünglichen Neststandort werden die alten Reviergrenzen auch für die Revierinhaber allmählich aufgehoben, alle Bindungen an das alte Revier erlöschen. Auch die bei den D o r n g r a s m ü c k e n zu dieser Zeit noch (oder schon wieder) vorhandenen singenden ♂♂ kümmern sich nicht um die stumm durchstreifende Familie, sowenig sich diese um den Revierinhaber kümmert.

Eine Rückkehr der Jungen in den ersten Tagen in das alte Nest konnte nicht beobachtet werden. Evtl. besteht diese Möglichkeit aber: In einem Z a u n g r a s m ü c k e n nest, dessen Junge zwei Tage „vorfristig" ausgeflogen waren, fand sich am folgenden Tag viel Kot, der für ein Übernachten sprechen könnte.

Schon ein oder zwei Tage vor dem Ausfliegen wird von den Jungen der D o r n g r a s m ü c k e neben dem normalen Sperrlaut „tzieb" der neue Laut „idat" gebracht. Er gilt als zweiter Sperrlaut und gleichzeitig als Lokalisationslaut ( S a u e r 1954). Vielleicht sollte man ihn zum Unterschied vom normalen Sperrlaut als „Bettellaut" bezeichnen. Neben dem Anblick der Geschwister wird der Familienverband so auch akustisch zusammengehalten. Als neue Komponente des Bettelns beobachtet man das ritualisierte Schlagen mit den Flügeln („Hin zu dir"), das bei beiden Arten vorkommt und auch bei vielen anderen Passeres zu finden ist. Der entsprechende Bettellaut bei der Z a u n g r a s m ü c k e ist ein sehr schnell gereihtes „diädiädiä".

Bis zu einer Zeit von mindestens drei Wochen füttern die Altvögel die inzwischen schon voll flugfähigen und sich auch teilweise schon selbst versorgenden Jungen noch weiter. Auf das Erscheinen eines Elternvogels kommen alle Jungen wieder ganz nah zusammen und betteln ihn an. Die sich zerstreuenden Jungen werden so immer wieder gesammelt. Ein Anbetteln anderer Arten ist nicht bekannt.

## Herbstzug und Winterquartier

Mit dem Selbständigwerden der Jungen und der Auflösung des Familienverbandes ist die Brutperiode beendet. Schon Anfang Juli sieht man nur noch selten junge Z a u n g r a s m ü c k e n zusammen mit ihren Eltern, bei den D o r n g r a s m ü c k e n lösen sich die Familien in der zweiten Hälfte des Juli auf (bei nur einer Jahresbrut). Selbst in den kleinen Beobachtungsgebieten fällt es auf, daß die Vögel, sobald sie die Grenzen der alten Reviere überschreiten, sich stets in mehr oder minder südlicher Richtung bewegen. Es erfolgt also kein vollkommen zielloses Umherstreifen, wie es ursprünglich anzunehmen ist. Wenn auch die zurückgelegten Entfernungen, soweit man die Vögel noch beobachten kann, äußerst gering sind, erkennt man doch, daß die Bewegungen deutlich gerichtet sind.

Dabei gelingt es nur in wenigen Fällen, die beringten Vögel wiederzusehen. Dies darf nicht nur auf die zweifellos erhöhten Schwierigkeiten bei der Beobachtung (besonders auf das fast völlige Fehlen stimmlicher Äußerungen) zurückgeführt werden, sondern es wird in der Hauptsache auf dem Verlassen des betreffenden Gebietes durch die Vögel beruhen. Dies ist auch bei anderen Arten der Fall. v. H a r t m a n n 1952 schreibt: „Es mag kein Zufall sein, daß die hier besprochenen Arten (verschiedene andere Sylviiden. Verf.) nach der Fortpflanzungszeit wie weggeblasen erscheinen, um erst während des Herbstzuges wieder beobachtet zu werden, und zwar vor allem in den Fanggärten der Vogelzugstationen." — Gleichzeitig nimmt der Prozentsatz der unberingten Vögel, die also nicht dort gebrütet haben, immer mehr zu.

Diese gerichtete Bewegung nach der Auflösung des Familienverbandes geht unmittelbar in den Herbstzug, der die Vögel in ihre Winterquartiere führt, über. So schreibt B a n n e r m a n 1954 bei der D o r n - g r a s m ü c k e : "The common whitethroat begins to migrate south after the breeding season in Europe is over, as soon as the young are able to fend for themselves." [1]

[1] Die Dorngrasmücke beginnt südwärts zu ziehen, sobald die Brutzeit in Europa vorüber ist und die Jungen selbst für sich sorgen können.

Auch er sieht dieses (gerichtete) „Umherstreifen" also bereits als Zug an. Dieser beginnt, mit unseren Verhältnissen etwa übereinstimmend, in England in der letzten Juliwoche und setzt sich durch die Monate August und September hindurch fort. Da Direktbeobachtungen über die Beendigung des Aufenthaltes im Brutgebiet schon vom August an sehr von Zufällen abhängig sind, mögen gemäß dem Hinweis von v. H a r t - m a n n die Eintragungen der Vogelschutzstation Serrahn in Mecklenburg, die einen intensiven Fangbetrieb durchführt, hier erwähnt werden. Danach wurde in dem Zeitraum von 8 Jahren die letzte Z a u n - g r a s m ü c k e am 6., die letzte D o r n g r a s m ü c k e am 10. September gefangen bzw. beobachtet, zu einer Zeit also, da Mönchs- und Gartengrasmücke noch häufiger vorkommen.

N i e t h a m m e r 1937 spricht vom Abzug der deutschen Brutvögel der Z a u n g r a s m ü c k e im September (bis Anfang Oktober), von der D o r n g r a s m ü c k e im September. Da aber der Zug so früh beginnt, besteht die Hauptmasse der im Herbst beobachteten Vögel aus nordischen Durchzüglern, ohne daß dies bisher eindeutig erkannt wurde. Die wenigen im Herbst des Beringungsjahres gemachten Wiederfunde, die B r i c k e n s t e i n - S t o c k h a m m e r u. D r o s t 1956 veröffentlichten, stützen diese Ansicht:

Zwei nestjung in Mitteldeutschland beringte Z a u n g r a s m ü c k e n wurden bereits am 7. IX. aus der Türkei bzw. am 25. IX. aus Griechenland rückgemeldet, ein Wangerooger Fängling der gleichen Art am 29. X. aus Syrien.

Die Rückmeldung einer nestjung beringten pfälzischen D o r n g r a s - m ü c k e kam bereits am 15. VIII. (!) aus Spanien, einer sächsischen am 28. VIII. aus Italien. Fänglinge wurden im September aus Jugoslawien, Italien, Spanien und Portugal, ja sogar aus Marokko rückgemeldet. Zwei im Beobachtungsgebiet nestjung und flügge beringte Dorngrasmücken wurden am 6. bzw. 8. September aus Nord- bzw. Mittelitalien rückgemeldet.

Der frühe Beginn des Zuges kann also kaum bezweifelt werden, es könnten sich jedoch noch Fragen über die zeitliche Beteiligung aller unserer Vögel ergeben.

Die Z a u n g r a s m ü c k e umgeht wie auf dem Frühjahrszug das Mittelmeer östlich, wobei Südost-Europa, Kleinasien und Ägypten durchzogen werden. Mit dieser Zugrichtung unterscheidet sie sich deutlich von den anderen Grasmückenarten, die alle eine geteilte Zugrichtung aufweisen, wie sie am Beispiel Dorngrasmücke dargestellt wird. Die Zuggeschwindigkeit ist sehr gering, so daß B a n n e r m a n schreiben kann: "They are, in fact, the last of all Palaeartic migrants to arrive in Darfur (Landschaft im Sudan. Verf.), not one putting in an appearance before mid-October." [1])

Das endgültige Winterquartier umfaßt das Gebiet zwischen Tschadsee und Abessinien, besonders Abessinien und den Sudan. D e m e n - t j e w und G l a d k o w 1954 nehmen sogar an, daß es bis zur Westküste Afrikas reicht, von anderen Autoren wird diese Ansicht jedoch nicht geteilt. Kenntnisse über das Überwinterungsgebiet unserer Populationen fehlen noch ganz, da einwandfrei Aufschluß gebende Fernfunde bis jetzt völlig fehlen.

Der Abzug der deutschen D o r n g r a s m ü c k e n erfolgt auf den gleichen Routen, wie sie im Frühjahr benutzt werden: Umgehung des Mittelmeeres westlich über Spanien-Marokko, direkte Überquerung in südlicher Richtung, wobei Italien durchzogen wird, oder auch das Mittelmeer ganz östlich umgehend. Auf der westlichen Route wird häufig die Sahara durchquert. Entscheidend für die einzuschlagende Richtung ist die Lage des Brutgebietes. Aus der von B r i c k e n s t e i n - S t o c k h a m m e r und D r o s t 1956 veröffentlichten Karte in ihrer eingehenden Arbeit über den Zug der europäischen Grasmücken sind diese Beziehungen grundsätzlich erkennbar. Durch das Fehlen von Wiederfunden aus dem Gebiet der Zugscheide in Mitteleuropa kann deren genauer Verlauf vorläufig nicht angegeben werden. Das Überwinterungsgebiet dieser Art erstreckt sich vom Südrand der Sahara bis Südrhodesien und Damaraland, nach neueren Untersuchungen dehnt es sich bis zur Küste des Indischen Ozeans aus (D e m e n t j e w, B a n n e r m a n u. a.). Es wird Ende Oktober von den ersten Vögeln erreicht. Wahrscheinlich tritt in den östlichen Teilen dieses Gebietes eine Überlappung mit der kleinasiatischen Rasse *Sylvia communis icterops* M é n é t r i é s ein.

Den zwischen beiden Arten bestehenden Unterschied in den Zugwegen muß man wohl als phylogenetisch bedingt ansehen. Es wird angenommen, daß der Frühjahrszugweg dem früheren Einwanderungsweg nach dem letzten Eiszeitstadium entspricht. Dabei fand eine gewisse Prägung auf ihn statt, die zum Beibehalten dieses Weges führte.

Eine zusammenfassende Übersicht über den zeitlichen Ablauf der einzelnen Verhaltenselemente bei der Zaungrasmücke im Laufe einer Brutperiode gibt die graphische Darstellung (Abb. 29). Eine gleichartige Darstellung für die Dorngrasmücke ist erst nach Vertiefung des Wissens über die zweite Jahresbrut möglich.

[1]) Sie sind tatsächlich die letzten aller palaearktischen Zugvögel, die Darfur erreichen, nicht eine wird vor Mitte Oktober sichtbar.

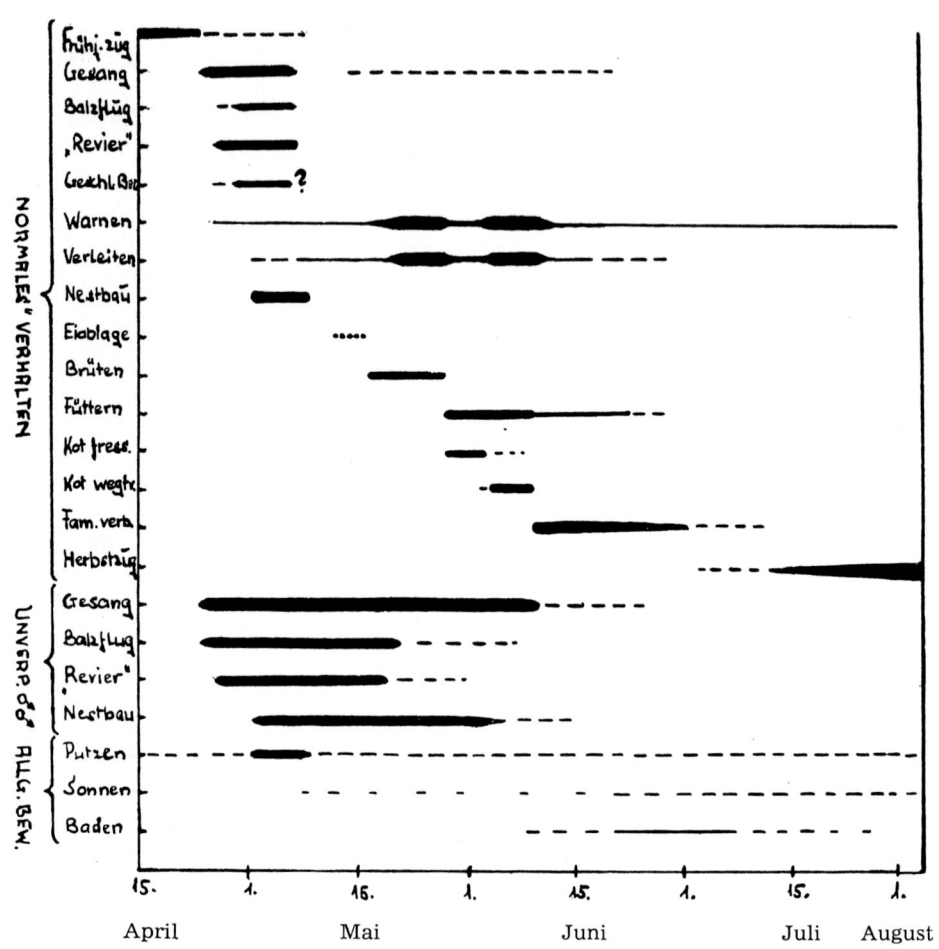

Abb. 29. Zusammenfassende Übersicht über den zeitlichen Ablauf einzelner Verhaltenselemente bei der Zaungrasmücke.

## Ernährung

Die Nahrung von Z a u n - und D o r n g r a s m ü c k e ist überwiegend tierisch. Sie besteht in der Hauptsache aus Insekten und Spinnen, einen (jedenfalls im Untersuchungsgebiet) regelmäßig vorhandenen Anteil stellen auch kleine Gehäuseschnecken. Gelegentlich werden — wie von allen Grasmücken — auch Beeren aufgenommen.

78

Da die Grasmücken bisher kaum von wirtschaftlichen Gesichtspunkten her untersucht wurden, sind unsere Kenntnisse über ihre Ernährung jedoch noch recht gering. Die heute längst überholte Differenzierung in „nützliche" und „schädliche" Vögel erfolgte häufig auf Grund oft nur andeutungsweiser Kenntnisse.

Um Vergleiche zu ermöglichen, wurde versucht, mit Hilfe der Halsringmethode Einblick in die Zusammensetzung der Nestlingsnahrung zu gewinnen. Da diese einen erheblichen Anteil der im Laufe des Aufenthaltes im Brutgebiet aufgenommenen Nahrung ausmacht, ist sie in gewisser Weise wohl auch repräsentativ für die Gesamtnahrung der Art. Es wurden insgesamt 30 Proben von jeder Art genommen. Die geringe Zahl erklärt sich aus den Schwierigkeiten bei der Abnahme, die nur an Nestlingen im Alter von 5—8 Tagen erfolgen kann. Jede Probe gibt einen Überblick über die in 1—2 Stunden an die gesamte Brut verfütterte Nahrung.

Die Zusammensetzung dieser Proben wird durch das Säulendiagramm in Abb. 30 dargestellt. Um die einzelnen Anteile miteinander vergleichbar zu machen, wurde der Aufstellung die Stückzahl der gefundenen Tiere zugrunde gelegt. Diese entspricht nicht der Bedeutung der einzelnen Gruppen für den Vogel. Hier spielen Masse und Gewicht der Beutetiere eine weit größere Rolle.

Den zahlen- u n d massenmäßig größten Anteil stellen bei der D o r n - g r a s m ü c k e die Großschmetterlingsraupen und die Spinnen. Besonders wurden Spannerraupen (Geometridae) verzehrt. Dicht hinter diesen beiden Gruppen mit je 20 % rangieren Schmetterlingsimagines (die leider meist nicht weiter als bis zur Familie — Noctuidae — zu bestimmen waren) und Dipteren der verschiedensten Familien mit 12 und 11 %. Alle anderen Insektengruppen — Käfer, Wanzen, Köcherfliegen, Blattläuse u. a. — waren nur mit Anteilen unter 7 % vertreten. Mit 5,6 % sind kleine Schnecken der Gattung Cepea Bestandteil der Nahrung, die mitsamt der noch zarten Schale aufgenommen werden.

Je nach dem besiedelten Gelände und der Lage des Brutgebietes ist das Nahrungsangebot und damit die Nahrung in ihrer Zusammensetzung verschieden. M a n s f e l d und B ö s e n b e r g 1960 geben für heckenbewohnende Dorngrasmücken Anteile von 57 % schädlichen, 41,5 % indifferenten und 1,5 % nützlichen Insekten an. Für England gibt W i t h e r b y 1952 besonders Vertreter der Ordnungen Coleoptera (Käfer, gefressen hauptsächlich Vertreter der Gattungen Agriotes, Phyllobius, Haltica und Apion), Lepidoptera (Schmetterlinge), Hymenoptera (Hautflügler), Diptera (Zweiflügler) und Hemiptera (Halbflügler) an. Die

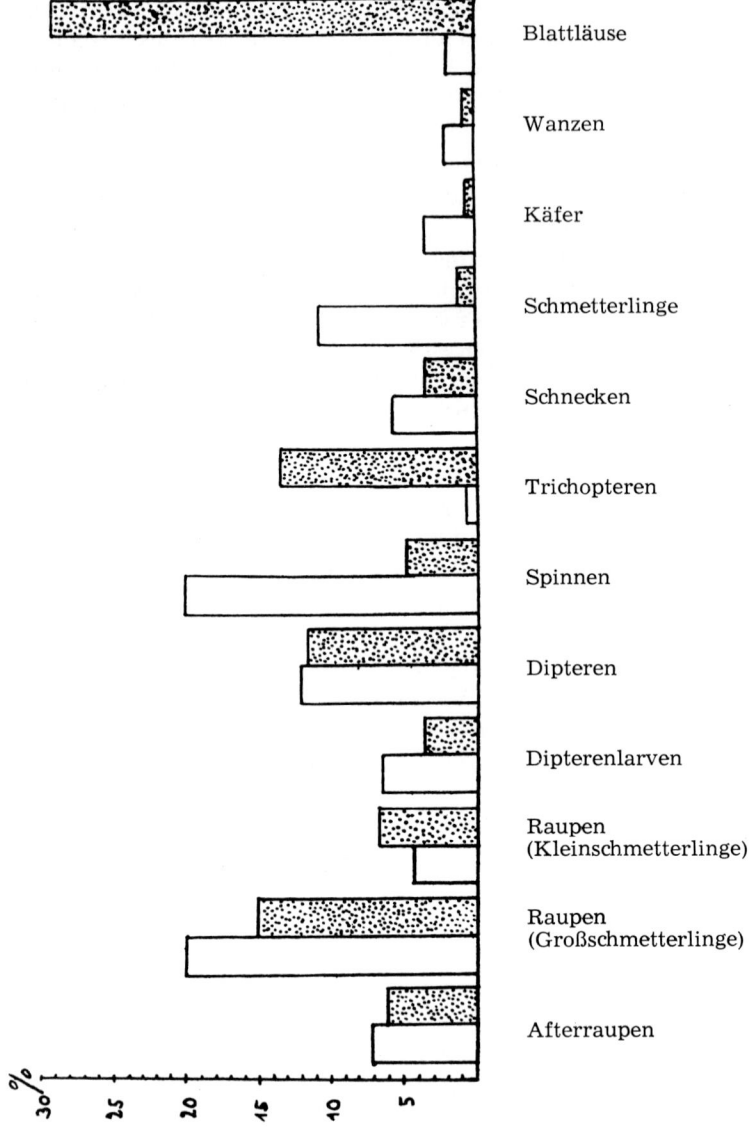

Abb. 30. Anteile einzelner Tiergruppen an der Nestlingsnahrung. Dorngrasmücke weiße Balken, Zaungrasmücke punktierte.

Hauptnahrung der Jungen soll dabei aus Larven von *Aphrophora spumaria* (die den bekannten Kuckucksspeichel erzeugen) und grünen Raupen bestehen.

Bei der Z a u n g r a s m ü c k e erwähnen schon die alten Beobachter die Aufnahme vieler Blattläuse. Mit 29 % stellen sie den größten Anteil. Den wichtigsten Ernährungsfaktor bilden aber auch hier die Raupen. B ö s e n b e r g 1958 führt deren Bevorzugung (am Beispiel Goldammer) auf die leichte Erreichbarkeit infolge ihrer Unbeweglichkeit zurück. Darauf basiert sicher auch der hohe Prozentsatz der *Noctuidae* (Eulen) unter den Schmetterlingsimagines. Sehr häufig waren Köcherfliegen der verschiedensten Arten in den Proben zu finden (13 %), dazu Mücken und kleine Fliegen. Schnecken waren mit 3,5 % etwas geringer vertreten als bei der Dorngrasmücke. Bei beiden Arten war ihre Aufnahme vorher nicht bekannt. Die oft erwähnten Insekteneier traten in den Proben nicht auf, ihre Aufnahme durch die Altvögel ist jedoch möglich. Deutlich niedriger war mit 5 % der Anteil der Spinnen, obwohl das Angebot sicher genausogroß war wie bei der Dorngrasmücke.

Neben der Aufnahme verschiedener Nahrung in unterschiedlichen Gebieten lassen auch individuelle Eigenheiten der Vögel nur schwer eine Verallgemeinerung der Nahrungsanalysen zu. So ließ sich in einem Falle bei der direkten Beobachtung am Nest feststellen, daß innerhalb des Paares sogar eine Bevorzugung bestimmter Tiergruppen auftreten kann. Ein Zaungrasmücken-♂ fütterte die Jungen meist mit Schmetterlingsraupen, das ♀ brachte Imagines der verschiedensten Formen.

Ebenso ist sicher ein Einfluß von Tageszeit und Witterung, die für das Verhalten der Insekten und damit für ihre Erlangbarkeit von großer Bedeutung sind, auf die Zusammensetzung des Nahrungsspektrums vorhanden. Seine Darstellung bedarf aber der Bearbeitung eines weitaus größeren Materials.

Um dem Fernerstehenden einen Eindruck von dem speziellen Ergebnis einer Nahrungsanalyse zu geben, wird als Anhang zu diesem Kapitel eine Aufstellung der in den Proben von *Sylvia curruca* gefundenen Tiere gebracht.

Allgemein ist die Aufnahme von Beeren und Früchten durch Grasmücken bekannt. Z a u n - und D o r n g r a s m ü c k e sind daran aber in weit geringerem Maße beteiligt als ihre Verwandten. So gibt C r e u t z 1953 in seiner Zusammenstellung nur Beeren des Schwarzen Holunders (*Sambucus nigra*) für die Dorngrasmücke an, für die Zaungrasmücke Kermesbeere (*Phytolacca americana*), Schneeball (*Viburnum opulus* und *lantana*) und die Weichselkirsche (*Prunus mahaleb*). S a u e r

1954 erwähnt die Verfütterung großer, saftiger Brombeeren an junge Dorngrasmücken, W i t h e r b y 1952 die von Johannis- und Himbeeren und sogar die von Erbsen (?). Örtliche Gegebenheiten scheinen hier eine noch größere Rolle zu spielen als bei der Aufnahme tierischer Nahrung, im Beobachtungsgebiet konnte etwas derartiges nie beobachtet werden.

## Systematische Aufstellung
### der in den Halsringproben von *Sylvia curruca* gefundenen Tiere

A r a n e i d a

| | | |
|---|---|---|
| *Thomisidae* | *Oxyptila* spec.? | 1 ✕ |
| | *Xysticus* spec. | 1 ✕ |
| | *Philodromus aureolus* Oliv. | 1 ✕ |
| | *Philodromus* spec. | 3 ✕ |
| *Liniphiidae* | *Liniphia montana* Clerck | 1 ✕ |
| *Theridiidae* | *Theridium varians* Hahn | 1 ✕ |
| | *Theridium tinctum* (Walck.) | 1 ✕ |
| *Araneidae* | *Aranea sturmi* (Hahn) | 1 ✕ |
| | *Aranea cucurbitina* L. | 1 ✕ |
| *Anyphaenidae* | *Anyphaena accentuata* (Walck.) | 2 ✕ |
| *Clubionidae* | *Clubiona* spec. | 2 ✕ |
| *Dysderidae* | *Segestria seneculata* (L.) | 1 ✕ |

I n s e c t a

a) *Orthoptera*

| | | |
|---|---|---|
| *Tettigoniidae* | 1 unbest. Larve | |

b) *Rhynchota*

| | | |
|---|---|---|
| *Aradidae* | *Aradus distinctus* Fieb.? | 1 ✕ |
| *Miridae* | *Calocoris ochromelas* Gmel. | 2 ✕ |
| *Cercopidae* | *Aphrophora alni* Fall. | 3 ✕ |

c) *Copeognatha*     3 unbest. Exempl.

d) *Aphidoidea*     101 unbest. Exempl.

e) *Trichoptera*

| | | |
|---|---|---|
| *Limnophilidae* | *Limnophilus affinus* Curt. | 13 ✕ |
| | *Limnophilus xanthodes* McLach | 2 ✕ |
| | *Limnophilus vittatus* Fabr. | 7 ✕ |
| | *Limnophilus griseus* L. | 2 ✕ |
| | *Limnophilus flavicornis* Fabr. | 5 ✕ |
| | *Limnophilus sparsus* Curt. | 3 ✕ |
| | *Limnophilus auricula* Curt. | 4 ✕ |
| | *Limnophilus bipunctatus* Curt. | 2 ✕ |
| | *Limnophilus stigma* Curt.? | 2 ✕ |
| | *Limnophilus rhombicus* L. | 1 ✕ |
| | *Limnophilus* spec. | 2 ✕ |
| | *Grammotaulius atomarius* Fabr. | 1 ✕ |
| | *Grammotaulius pellucides* Retz. | 1 ✕ |
| *Phryganeidae* | *Phryganea varia* Fabr.? | 1 ✕ |

f) *Ephemeroidea*

| | | |
|---|---|---|
| *Baétidae* | *Cloéon dipterum* L. | 2 ✕ |

g) *Coleoptera*
　*Anobiidae*　　　　　*Xestobium rufovillosum* Degeer　　1 ✕
　*Curculionidae*　　　*Phyllobius piri* L.　　　　　　　1 ✕
h) *Hymenoptera*
　*Formicidae*　　　　 *Lasius niger* L.　　　　　　　　1 ✕
　*Tenthedrinidae*　　 21 unbest. Larven
i) *Diptera*
　*Sciaridae*　　　　　*Plastosciara* spec.　　　　　　1 ✕
　*Culicidae*　　　　　*Aédes* spec.　　　　　　　　　1 ✕
　　　　　　　　　　　 *Anopheles* spec.　　　　　　　1 ✕
　*Limnobiidae*　　　　*Dicranoptycha* spec.　　　　　7 ✕
　　　　　　　　　　　 *Adelphomya* spec.　　　　　　 1 ✕
　　　　　　　　　　　 *Symplectromorpha* spec.　　　 1 ✕
　*Tipulidae*　　　　　*Tipula* spec.　　　　　　　　　4 ✕
　*Syrrphidae*　　　　 *Tubifera pendula* L.　　　　　 2 ✕
　　　　　　　　　　　 *Epistrophe bifasciata* Fabr.　　1 ✕
　　　　　　　　　　　 *Rhingia campestris* Meigen　　 1 ✕
　　　　　　　　　　　 11 unbest. Larven
　*Stratiomyidae*　　　*Chloromya formosa* Scop.　　　1 ✕
　*Rhagionidae*　　　　*Rhagio scolopaceus* L.　　　　2 ✕
　　　　　　　　　　　 *Rhagio* spec.　　　　　　　　 2 ✕
　*Empididae*　　　　　*Pachymeria* spec.　　　　　　 1 ✕
　　　　　　　　　　　 2 unbest. Exempl.
　*Anthomyinae*　　　　1 unbest. Exempl.
　*Tendipididae*　　　 3 unbest. Exempl.
　*Simuliidae*　　　　 5 unbest. Exempl.
　*Oligoneura*　　　　 2 unbest. Exempl.
　*Cycloraphe Diptere*　1 unbest. Exempl.
j) *Lepidoptera*
　*Noctuidae*　　　　　8 unbest. Imagines
　　　　　　　　　　　 6 unbest. Larven
　*Geometridae*　　　 38 unbest. Larven
　*Cymatophoridae*　　 2 unbest. Larven
　*Notodontidae*　　　 2 unbest. Larven
　*Tortricidae*　　　　5 unbest. Larven
　*Pyralidae*　　　　　*Tortrix viridana* L.-Larven　　7 ✕
　*Hyponeumotidae*　　 1 unbest. Larve
　*Plutellinae*　　　　10 unbest. Larven
　Kleinschmetterling　　1 unbest. Imago
　Großschmetterling　　 1 unbest. Imago

G a s t r o p o d a
12 kleine Gehäuseschnecken (*Cepea* juv.)

## Verluste und Todesursachen

Das natürliche Alter wildlebender Grasmücken ist meist nur gering.
Nur selten wird wohl ein Alter wie das der beiden ältesten in Deutschland gekennzeichneten Ringvögel erreicht. Es handelt sich dabei um
eine Z a u n g r a s m ü c k e, die als Fängling am 28. VII. 1949 mit dem
Helgoländer Ring 8 550 368 in Schuby, Kreis Schleswig, versehen wurde
und am 10. IV. 1953, also mindestens fünfjährig in Banjas, Syrien,

wiedergefunden wurde. Bei den D o r n g r a s m ü c k e n ist der älteste
Vogel ein Helgoländer Fängling vom 10. IX. 1928 (He 806 263), der am
30. IX. 1935 in Qued Zem, Marokko, wieder in Menschenhand geriet und
somit ein Alter von mindestens 8 Jahren erreichte.

Für die Verluste bei erwachsenen Vögeln sind in erster Linie Greif-
vögel verantwortlich. Obwohl Raubsäuger (Iltis, Hermelin und Maus-
wiesel, Hauskatze) sicher auch manchen Vogel im Nest reißen, kam
es doch in den Jahren eigener Beobachtung nur einmal vor, daß Federn
und Blutstropfen von einem solchen nächtlichen Drama kündeten.

Über die Greifvogelverluste liefert U t t e n d ö r f e r 1939 die besten
Unterlagen. Nach diesem Autor steht die D o r n g r a s m ü c k e in der
Beuteliste der Vögel an 15., die Z a u n g r a s m ü c k e an 33. Stelle.
Dabei kommt der weitaus überwiegende Anteil auf das Konto des
Sperbers (*Accipiter nisus* [L.]), nämlich von 2190 nachgewiesenen Dorngrasmücken 2003, von 575 Zaungrasmücken 502 Exemplare. Bei allen
anderen Arten und den nächtlich jagenden Eulen kommen beide Arten
nur als ausgesprochene Gelegenheitsbeute vor. — Der größere Verlust
bei Dorngrasmücken ist nicht auf deren Häufigkeit allein, sondern auch
auf die Bevorzugung offeneren Geländes und besonders auf den auf-
fälligen Balzflug zurückzuführen.

Erheblich größer als die Verluste bei adulten Vögeln sind die Ausfälle
während der Brutzeit an Eiern und Nestlingen. An eigenen Zahlen mag
dies illustriert werden: Für ein das Nest verlassendes Z a u n g r a s -
m ü c k e n junges müssen vorher 1,36 Junge schlüpfen und sogar 2,40
Eier abgelegt werden. Fast genauso ungünstig ist das Verhältnis bei
den D o r n g r a s m ü c k e n , bei denen ein ausgeflogener Jungvogel
1,25 geschlüpften Jungen oder 2,06 Eiern entspricht. Wenn diese Durchschnittswerte auch in gewissen Grenzen schwanken werden, so weisen
sie doch auf den bestimmenden Einfluß ungünstiger Faktoren auf den
Erfolg des Brutgeschäftes hin.

Im Jahre 1959 kamen bei allen gefundenen Gelegen im Schnitt nur
2,16 Junge bei der Z a u n g r a s m ü c k e und 2,54 bei der D o r n g r a s -
m ü c k e hoch. Die Verluste an ganzen Gelegen betrugen 39 % bei den
Zaungrasmücken und 38 % bei den Dorngrasmücken.

Wenn auch eine gewisse Beeinflussung durch die Beunruhigung bei
den Kontrollen und der Abnahme der Halsringproben vorhanden sein
kann, so sind diese Zahlen doch beachtenswert.

Die Ursachen der Verluste ganzer Gelege sind meist nicht erkennbar.
In Frage kommen die schon erwähnten kleinen Raubsänger, Elstern und
Krähen sowie der Mensch. Die Unsitte der Eierräuberei ist ja leider man-

cherorts noch weit verbreitet. Sehr häufig ist das Verschwinden einzelner Eier oder Jungvögel. Dabei wird es sich meist um ein Herauswerfen durch den erschreckt abfliegenden brütenden oder hudernden Elternvogel handeln. Bei Störungen kam dies häufig vor, außerhalb des Nestes wird das Ei oder der Nestling dann nicht mehr beachtet. D i e s s e l - h o r s t und P o p p 1953 meinen, daß dabei die Eier am durchnäßten Bauchgefieder der Eltern „kleben" bleiben und dann aus dem Nest gerissen werden. Die gleichen Autoren beschreiben als weitere Ursache: „Gelegentlich kann ein Ei am klebrigen Schleim einer Schnecke kleben bleiben, die das Nest durchkriecht." Bei Dorngrasmücken kann dies durchaus vorkommen, über das Nest kriechende Schnecken wurden öfter beobachtet.

M a n s f e l d 1938 weist darauf hin, daß bei starken Gewitter- oder heftigen Dauerregen eine starke Gefährdung buschbrütender Arten erfolgt, wenn das Nest ganz durchnäßt wird. So gingen z. B. im Juni 1936 fast die Hälfte aller Bruten dadurch verloren.

Als nicht zu übersehende Ursache für größere Verluste bei der D o r n g r a s m ü c k e muß das Ausmähen der an Gräben, Wiesenrändern usw. im Gras stehenden Nester angesehen werden. Besonders wo als Nebennutzung auch kleinere Grasflächen von Siedlern und Kleintierhaltern gemäht werden, können die Ausfälle erheblich sein.

Eine latent vorhandene Verlustursache ist das Belegen der Nester mit Kuckuckseiern. Nach den Zusammenstellungen von M a k a t s c h 1955 kommen beide Arten in großem Umfang als Kuckuckswirte in Betracht, wenn auch nicht in dem Maße wie Garten- und Mönchsgrasmücke. Über den Prozentsatz belegter Nester liegen keine Angaben vor, doch wird ihre Zahl im Verhältnis zu allen vorhandenen nicht allzu groß sein.

Über die bei beiden Arten vorkommenden Parasiten liegen nur sehr wenige Angaben vor, wenn auch S a u e r 1954 schreibt, daß es in den natürlichen Nestern der Dorngrasmücke von Parasiten „nur so wimmele". Genauere Angaben darüber existieren m. W. nur von E i c h l e r , die N i e t h a m m e r 1937 im Handbuch veröffentlichte. Danach sind gefunden worden:

| | | |
|---|---|---|
| Federlinge | *Philopterus subflavescens* subsp. | bei beiden Arten, |
| | *Menacanthus c. curuccae* | Zaungrasmücke |
| Lausfliegen | *Ornithomya fringillina* | Dorngrasmücke |
| Flöhe | *Ceratophyllus gallinae* | Zaungrasmücke |
| Milben | *Trouessartia bifurcata* | bei beiden Arten, |
| | *Leiognathus silviarum* | „      „      " |
| | *Analges chelopus* | Dorngrasmücke |
| Saugwürmer | *Leucochloridium macrostonum* | „ |
| Bandwürmer | *Chaenotaenia platycephala* | Zaungrasmücke |

Durch geeignete Maßnahmen kann der Mensch wesentlich zum Schutz auch von Z a u n - und D o r n g r a s m ü c k e beitragen. Dies geschieht durch Erhaltung und Schaffung von Nistgelegenheiten, Schutz vor wildernden Katzen, Einschreiten gegen vogelmordende Luftgewehrschützen und Schutz vor übermäßiger Beunruhigung der Brut durch Böswillige oder Neugierige.

Die Vorzugsbiotope der D o r n g r a s m ü c k e sind durch die Verordnung zum Schutz der Feldgehölze und Hecken vom 29. X. 1953 unter Landschaftsschutz gestellt. Ihre Erhaltung ist für den Bestand der Art von großer Wichtigkeit. K u h k äußert schon 1939 die Befürchtung, daß die Dorngrasmücke durch die Kultivierung eine dauernde Bestandsverminderung erfährt. Durch eine Zusatzverordnung, die das Roden und Schneiden, solange es nicht für eine ordnungsgemäße Bewirtschaftung notwendig ist, in der Zeit vom 15. III. bis 30. IX. eines jeden Jahres untersagt, ist formell der ungestörte Ablauf der Brut gesichert. Für jeden Naturfreund und Ornithologen muß es eine Selbstverständlichkeit sein, auf die Einhaltung dieser Bestimmungen zu achten.

Sind natürliche Nistgelegenheiten nicht vorhanden, so lassen sich solche durch die Anlage von Hecken (auch in kleinstem Maßstab) leicht schaffen. Im Rahmen von Arbeitsgemeinschaften ist auch die Anpflanzung von Vogelschutzgehölzen möglich. — Durch das Binden von Nistquirlen kann man die Vögel zum Brüten in sonst nicht angenommenen dünneren Sträuchern veranlassen. Mehrere Zweige eines Busches werden in 1—2 m Höhe zusammengezogen und mit Bindfaden oder Bast so zusammengebunden, daß an der Kreuzungsstelle ein Quirl entsteht, über dem das Nest seinen Platz finden kann. Neben anderen Arten wird man die Zaungrasmücke hier häufig brütend finden. Da die alten Nester im nächsten Jahr nicht wieder benutzt werden, empfiehlt sich ihre Entfernung im Herbst.

Über die bei derartigen Maßnahmen zu beachtenden Einzelheiten unterrichtet die einschlägige Vogelschutzliteratur. Über die Erfolge bei der Durchführung solcher Maßnahmen berichten P f e i f e r - R u p p e r t 1953 in Heft 6 der Biologischen Abhandlungen.

# Literatur

A g à r d i , E.: Zaungrasmücke bebrütet die Eier des rotrückigen Würgers. — Aquila 34/35, p. 444.

A r m i n g t o n , S. (1951): Polygami och polyterritorialism hos törnsangaren. — Vår Fågelvärld, p. 26. — Ref. Vogelwelt 72, p. 208.

B a n n e r m a n , D. A. (1954): The Birds of the British Isles. London a. Edinburgh. Vol. 3.

B r i c k e n s t e i n - S t o c k h a m m e r u. R. D r o s t (1956): Über den Zug der europäischen Grasmücken *Sylvia a. atricapilla, borin, c. communis* und *c. curruca* nach Beringungsergebnissen. — Vogelwarte 18, p. 197.

D e c k e r t , G. (1955): Beiträge zur Kenntnis der Nestbautechnik deutscher Sylviiden. — J. Orn. 96, p. 186.

D e m e n t j e w , G. P. und N. A. G l a d k o w (1954): Die Vögel der Sowjetunion. Moskau. Bd. 6 (russ.).

D i e s s e l h o r s t , G. (1957): Drei Bruten bei einer Dorngrasmücke. — Vogelwelt 78, p. 102.

G r o e b b e l s , F. (1932 u. 1937): Der Vogel. Berlin. 2 Bände.

H a r r i s o n , C. J. O. (1954): Drohstellung einer Zaungrasmücke. — Brit. Birds 47, p. 394; Ref. Vogelwelt 76 (1955), p. 149.

H a r t e r t , E. (1910—1922): Die Vögel der palaearktischen Fauna. Berlin.

H e i n r o t h , O. u. M. (1928): Die Vögel Mitteleuropas. Berlin. Bd. 1.

H o w a r d , H. E. (1907—1914): The British Warblers. London.

K u h k , R. (1939): Die Vögel Mecklenburgs. Güstrow.

N a u m a n n , J. F. (1822): Naturgeschichte der Vögel Mitteleuropas. Leipzig. 2. Bd., 1. Abt.

N i e t h a m m e r , G. (1937): Handbuch der deutschen Vogelkunde. Leipzig. Bd. 1.

R e h a g e , H. (1955): Blaukehlchen (*Luscinia svecica cyanecula*) füttert junge Dorngrasmücke (*Sylvia communis*). — Orn. Mitt. 7, p. 110.

R o b i e n , P. (1939): Die Brutbüsche der Grasmücken. — Beitr. Fortpfl. Vögel 15, p. 149.

S a u e r , F. (1954): Die Entwicklung der Lautäußerungen vom Ei ab schalldicht gehaltener Dorngrasmücken im Vergleich mit später isolierten und wildlebenden Artgenossen. — Z. Tierpsych. 11, p. 10.

S t a h l b a u m , G. (1950): Hoher Stand eines Dorngrasmückennestes. — Vogelwelt 71, p. 23.

S t e i n f a t t , O. (1940): Grasmückenbrutbeobachtungen im Gebiet der Rominter Heide. — Ber. Ver. Schles. Orn. 25, p. 58.

U t t e n d ö r f e r , O. (1939): Die Ernährung der deutschen Raubvögel und Eulen. Neudamm.

W a d e w i t z , O. (1954): Unsere Grasmücken. — Falke 1, p. 134.

W i t h e r b y , H. F. u. a. (1952): The Handbook of British Birds. London. 7. Aufl., Vol. 2.

Z a n d e r , H. D. F. (1837—1853): Naturgeschichte der Vögel Mecklenburgs. Wismar und Parchim.

Es sind nur Arbeiten angeführt, in denen Zaun- und Dorngrasmücke direkt erwähnt werden. Bei Hinweisen allgemeiner Art erfolgte lediglich eine Erwähnung des Autors im Text.